Contributiones Biologiae Arborum
Vol. 3

The complex problems of environmental pollution today have made us aware of just how little we know about the basic biological mechanisms of trees.

CONTRIBUTIONES BIOLOGIAE ARBORUM (CBA) is a new series of softcover books, dealing in scientifically overlapping areas, which will publish original extended papers, review articles and research reports as they are received, concerning the morphology, anatomy, physiology and pathology of forest trees, in English or German. The series will also include contributions on forest protection, wood biology and breeding research as well as results from work on air pollution.

Each volume must be self-contained, of high quality and written in monograph-form. The book should comprise between 100 – 300 pages.

Franz Gruber

Verzweigungssystem, Benadelung und Nadelfall der Fichte *(Picea abies)*

Branching System, Needle Fall and Needle Density of Norway Spruce *(Picea abies)*

1990

Springer Basel AG

Anschrift des Autors:

Dr. Franz Gruber
Forstbotanisches Institut der
Universität Göttingen
Büsgenweg 2
D – 3400 Göttingen

CIP-Titelaufnahme der deutschen Bibliothek
Gruber, Franz:
Verzweigungssystem, Benadelung und Nadelfall der Fichte (Picea abies) = Branching system, needle fall and needle density of Norway spruce (Picea abies) / Franz Gruber.

(Contributiones biologiae arborum; Vol. 3)
ISBN 978-3-0348-5684-3 ISBN 978-3-0348-5683-6 (eBook)
DOI 10.1007/978-3-0348-5683-6

NE: GT

Ursprünglich erschienen bei Birkhäuser Verlag Basel 1990

Printed on acid-free paper
ISBN 978-3-0348-5684-3

MEINEN ELTERN

VORWORT

Die Gehölzmorphologie befaßt sich in erster Linie mit der Erforschung der äußeren Erscheinungsformen, die uns in einer fast unüberschaubaren Formenfülle entgegentreten. Diese Vielfalt innerhalb einer Spezies wird als ***phänotypische Variabilität*** bezeichnet. Sie ist das Resultat aus

- den veschiedenen Genotypen ***(genetischen Vielfalt***),
- den ***ontogenetischen Erscheinungsformen*** jeweils innerhalb eines Genotyps und
- den ***Modifizierungen***, d. h. den Veränderungen und der Plastizität eines definierten Phänotyps über die unterschiedlichen Umwelteinflüsse (Modifikationen).

Unter definierten Umweltbedingungen (z. B. unter optimalen Wachstumsbedingungen) können wir die Expression des Genotyps über die gesamte Ontogenese hinweg als den ***Bauplan einer Spezies*** (= definierte Abfolge von Phänotypen in sukzessiven ontogenetischen Stadien unter definierten (z. B. optimalen) Umweltbedingungen) definieren (***idealer Phänotypus***). Diese Baupläne können dann mehr oder weniger stark über die Umwelteinflüsse ***modifiziert*** werden.

Eine wesentliche Aufgabe der modernen Gehölzmorphologie muß nun darin bestehen,

1) die Baupläne der verschiedenen Gehölze in einer ganzheitlichen Betrachtungsweise aufzuzeigen ***(grundlagenorientierte Gehölzmorphologie und -anatomie)*** und

2) die Modifizierungen durch die verschiedensten Umwelteinflüsse und Reaktionsnormen zu erforschen, d. h., eine ***ökologisch ausgerichtete Dendrologie*** zu praktizieren, wodurch das Gehölz in seiner Plastizität, Ein- und Anpassung an die Umwelt erst verständlich und begreifbar wird.

Erst ein solcher Ansatz eröffnet die Möglichkeit, von der Morphologie der Bauelemente eines Gehölzes Rückschlüsse auf die Umweltsituationen zu ziehen. Denn jeder Phänotyp eines Gehölzes ist ja selbst das Resultat eines natürlichen Anpassungsprozesses, der sich ständig ändert. Aus diesem Grund ist es oft auch nicht immer einfach, "abnorme Erscheinungen" von "normalen" zu unterscheiden, wenn nicht zuvor die gesamte "***natürliche Variabilität und Plastizität***" eines Gehölzes bekannt ist.

In der folgenden Arbeit wird nun versucht, bei unserer europäischen Fichte das vorgegebene Ziel in Ansätzen darzustellen. Dies erscheint wichtig, weil die hier dargelegten neuen Erkenntnisse der Kronenmorphologie bei der Fichte einen wesentlichen Beitrag zur Ursachendiskussion beim Waldsterben darstellen. Sie sind daher auch eine wichtige Grundlage bei einer erweiterten Erforschung der Morphologie unserer anderen Gehölze.

Göttingen, im Februar 1990 — Franz Gruber

1. EINLEITUNG

Ein über Mittel- und Nordeuropa weitverbreitetes Krankheitssymptom der Fichte ist (neben der Nadelvergilbung) die **Kronenverlichtung**. Sie resultiert einerseits aus einem überdurchschnittlich hohen Verlust der älteren Nadeljahrgänge und andererseits aus einer unzureichenden Verzweigung, insbesondere der Proventivzweigbildung im Innern der Krone (*Gruber* ,1987a, b). Als Folge davon entsteht die typische Kronenverlichtung bei der Fichte durch ein allmähliches Schütterwerden der Krone von "unten nach oben und von innen nach außen" (*Schütt* , 1984). Des weiteren tritt das sog. "Lamettasyndrom" an den Kammfichten (*Schütt* ,1984; *Rehfuess und Rodenkirchen* , 1984; *Gruber* , 1987a; *Magel und Ziegler* , 1987) und der "Fenstereffekt" (*Schröter und Aldinger* , 1985; *Gruber* , 1988c) auf.

Um Kronenverlichtungen und ihre Entstehung richtig deuten zu können, ist zum einen die Kenntnis der morphologischen und anatomischen Grundlagen der Ablösung der Nadel und Benadelung sowie die der strukturellen und funktionalen Zusammenhänge zwischen Nadel und Trieb notwendig.

Zum anderen ist aber auch das Wissen um die Verzweigungsweisen und -strukturen äußerst bedeutsam. Dies erscheint um so notwendiger, da ja unser Wissen über die Baumform bisher doch zu sehr auf einer starren bilderbuchhaften Vorstellung beruht. Das Wissen um die ***natürliche Variabilität und Plastizität der Bäume*** und insbesondere der Baumkronen ist noch sehr lückenhaft. Aus diesem Grund ist es daher auch nicht oder zumindest nicht immer möglich, "abnormales" Wachstum vom "normalen" zu unterscheiden, wenn zuvor das "normale" Wachstum nicht definiert wurde. Dabei muß man sich jedoch immer bewußt sein, daß dieses normale Wachstum nur einen Spezialfall darstellt, der zutrifft, wenn die Einflußfaktoren in einer ganz bestimmten quantitativen und qualitativen Weise zusammentreffen. Mit der Änderung eines oder mehrerer dieser Einflußgrößen ändert sich aber auch das Wachstumsverhalten und die Morphologie.

Die ***Plastizität eines Baumes*** wird aber nicht allein durch das komplexe Zusammenwirken der Einflußgrößen in den verschiedensten Konstellationen bestimmt, sondern wird auch durch die Veränderung der Morphologie während der Ontogenese geprägt. Ziel einer ökologisch ausgerichteten Gehölzmorphologie muß es daher sein, die gesamte Variabilität und Breite der Wachstumsmuster, Reaktionen und Wachstumsverhalten eines Baumes in Abhängigkeit von den Umweltfaktoren und der Ontogenese aufzuzeigen. Dies erfordert einerseits die Baupläne (morphologische Baumuster in sukzessiven ontogenetischen Stadien unter definierten <optimalen> Wachstums- und Umweltbedingungen) der Gehölze genau zu kennen. Andererseits müssen deren Reaktionen (morphologische und physiologische Verhaltensweisen) auf Änderungen und Veränderungen der Umweltbedingungen erforscht werden. Denn je weniger darüber bekannt ist, desto unsicherer sind die Aussagen bei der Interpretation von "ungewohnten" Erscheinungen und Symptomen. Ziel dieser Arbeit ist es daher, im folgenden dazu notwendige Grundlagen am Beispiele der Fichte aufzuzeigen.

2. MATERIAL UND METHODEN

2.1. Mikroskopische Dünnschnitte durch die Trennzone und Blattspur

An jungen und alten Fichten im Hils (Abteilung 79, 109 des Forstamtes Grünenplan und Abteilungen 65, 103 des Forstamtes Einbeck) - einem nordwestdeutschen Mittelgebirge zwischen Göttingen und Hannover - wurden das ganze Jahr hindurch unterschiedlich alte Nadeln, die unterhalb des Blattkissens oder mit einem Teil der Triebachse abgetrennt wurden, gesammelt und in AFE (Äthanol-Formalin-Eisessig: s. *Gerlach*, *1977; Gruber*, *1986*) fixiert. Im Bereich der Trennzone wurden von jedem Sammeltermin mindestens jeweils drei mikroskopische Präparate als Längs- und Querschnitte angefertigt und anatomisch ausgewertet.

2.2. Bestimmung der Wassergehalte abfallender Nadeln

Von 43 frisch gesammelten Terminaltrieben 12-jähriger Fichten wurden ca. 20 - 30 cm lange Stücke mit jeweils 200 - 250 daran inserierten Nadeln herausgeschnitten. Jedem Triebstück wurden 100 Nadeln entnommen, die direkt an der Trennzone abgelöst wurden. Von diesen entfernten Nadeln wurde das Frischgewicht, das Trockengewicht (bei 104° C bis zur Gewichtskonstanz getrocknet) ermittelt und daraus der relative Wassergehalt errechnet. Von jeder Nadel wurde ihre Länge gemessen.

Jedes Triebstück mit den restlichen Nadeln wurde dann jeweils im Erlenmeyerkolben bei 40° C so lange getrocknet, bis genügend Nadeln beim Schütteln abfielen. Von diesen abgefallenen Nadeln wurden das Gewicht und die Nadellängen festgestellt. Nadeln, die noch am Trieb haften blieben, wurden abgelöst und es wurde ebenfalls ihr Gewicht bestimmt.

Aus diesen Daten ließ sich dann durch den Vergleich der Trockengewichte und relativen Wassergehalte der abgelösten Nadeln und dem Gewicht der abgefallenen Nadeln das Wasserdefizit ermitteln, das notwendig war, damit die Nadel abfallen konnte. Aus diesem Wasserdefizit und dem ursprünglichen Wassergehalt ließ sich dann der aktuelle Wassergehalt der gerade abgefallenen Nadeln ermitteln. Dies wurde darüber hinaus noch dadurch überprüft, indem die abgefallenen Nadeln noch bei 104° C bis zur Gewichtskonstanz heruntergetrocknet wurden.

2.3. Ermittlung der Kontraktionskapazität des Schrumpfungsgewebes

Durch Vergleich der Kontaktflächen der geschrumpften Nadelbasis (Nadelbasisfläche F_n) und der Blattnarbenfläche (Blattkissenendfläche F_{bk}) ist das Schrumpfungsvermögen der hyalinen Schicht feststellbar:

$$\text{Schrumpfungskapazität} = (F_{bk} - F_n) / F_{bk}.$$

Dazu wurden 17 verschiedene Terminaltriebe bei 40° C getrocknet, bis die ersten Nadeln durch leichtes Schütteln des Triebes zum Abfallen gebracht werden konnten. Von jedem Trieb wurden sodann 5 äußerst locker sitzende Nadeln entnommen. Die Nadelbasis und das zugehörige Ende des Blattkissens wurden als dünne Scheibchen mit einer Rasierklinge abgetrennt. Die Kontaktflächen von Nadelbasis und Blattkissen wurden sofort danach unter Verwendung einer Stereolupe mit aufgesetztem Zeichengerät bei 50-facher Vergrößerung als Umrißzeichnungen auf Feinkarton aufgetragen und ausgeschnitten. Daran anschließend wurden die Flächen auf 1/10mm² Genauigkeit digital planimetriert.

2.4. Mikroskopische Jahresringanalysen an der Basis von hängenden Zweigen (Lamettazweigen) von Kammfichten

Von 10 Kammfichten wurden 8 - 12 Jahre alte, vollbenadelte Seitenzweige zweiter Ordnung entfernt und die Jahresringbildung von Xylem und Phloem, vor allem an der Basis der Zweige - dem "Basisjahrestrieb" - wurde anatomisch untersucht. Im Vergleich dazu wurden die Basisjahrestriebe 10- bis 16-jähriger Lamettazweige von Fichten mit dem sogenannten Lamettasyndrom (vergl. Kap. 3.3.4) anatomisch untersucht. Auch an den jüngeren, noch voll benadelten Jahrestrieben der Lamettazweige wurden Querschnitte hergestellt, um die Anzahl und Regelmäßigkeit der Jahresringe zu überprüfen.

An zahlreichen (ca. 40-50) Jahrestrieben unterschiedlichen Alters mit grünen, braunen, roten, gelb verfärbten und teilweise verfärbten Nadeln, sowie an nadellosen Trieben wurden Längs- und Querschnitte durch die Blattspur gefertigt.

Bei der Herstellung der mikroskopischen Präparate und für fotografische Aufnahmen wurde eine Kunststoffeinbettung verwendet (Methode: *Gruber*, 1986, 1987a). Bei der Untersuchung der Trennzone und der Lamettazweige wurden daneben auch noch Paraffin- und Handschnitte (s. *Gerlach* ,1977) hergestellt.

2.5. Streufalluntersuchungen

In zwei, ca. 80 - 100 Jahre alten Fichtenbeständen (Abteilung 312a des Forstamtes Paderborn im Eggegebirge und Abteilung 83 des Forstamtes Witzenhausen bei Kassel) wurde der Streufall (Streu = Nadelstreu und Reststreu: s. *Gruber* ,1987a) von November 1984 bis Mai 1985 bzw. von Juli 1986 bis September 1987 registriert. Dazu wurden 15 quadratische Streufänge mit jeweils 1 m^2 Auffangfläche im Bestand so aufgestellt, daß der Abstand von Korb zu Korb, die in 4 Reihen und Zeilen angeordnet wurden, jeweils 10 Meter betrug. Die Streufänge wurden teils regelmäßig (wöchentlich) teils unregelmäßig entleert. Die Streu wurde nach Nadeln (grüne, braune Nadeln, Nadeln mit Blattkissenresten und über die Trennzone abgefallene Nadeln, Schatten- und Sonnennadeln), Zweigen und Reststreu sortiert, bei 104 °C 24 Stunden getrocknet und im Anschluß daran auf einer Präzisionswaage gewogen.

2.6. Kronen- und Astanalysen

An 60 bis 120 Jahre alten Fichten auf verschiedenen Standorten im Hils, Göttinger Raum und am Meißner bei Kassel wurden Kronenananlysen durchgeführt. Dabei wurden jeder Krone der Gipfel und jeweils ein 5-, 10-, 15-, 20-, 25-, 30-, 35-, 40-jähriger Hauptast entnommen. Diese wurden auf die Zusammensetzung und das Alter regulärer und proventiver Zweige hin untersucht.

2.7. Phänotypische Untersuchungen der Verzweigung an autochthonen Uraltfichten (Ortets) und Pfropflingen (Ramets)

Auf den Erhaltungs- und Samenplantagen in Walsrode und Escherode der Niedersächsischen Forstlichen Versuchsanstalt wurden an den zwischen 1961 und 1966 direkt von ca. 250 - 300 Jahre alten "**autochthonen" Harzfichten** abgepfropften Klonen morphologische Untersuchungen hinsichtlich des Verzweigungstyps angestellt. Dazu wurden nur die genügend ausdifferenzierten Bäume aufgenommen, von denen der Verzweigungstyp nach der Stellung der Zweige 2. Ordnung jeweils an den Ästen im unteren und mittleren Kronendrittel bestimmt wurde. Die Einschätzung erfolgte in 9 Stufen: P = Plattenfichte, P (B) = Plattenfichte mit Bürsteneinschlag, P-B = Platten-Bürstenfichte, B (P) = Bürstenfichte mit Platteneinschlag, B = Bürstenfichte, B (K) = Bürstenfichte mit Kammeinschlag, K-B = Kamm-Bürstenfichte, K (B) = Kammfichte mit Bürsteneinschlag, K = Kammfichte (s. **Abb. 1**). Bei Verzweigungsunterschieden zwischen den beiden Kronendritteln gab zur Festlegung des Typs das mittlere Drittel den Ausschlag. Somit konnte die Variabilität des Verzweigungsphänotyps innerhalb eines Klons (**intraklonal**) und zwischen den Klonen (**interklonal**) festgestellt werden.

Darüber hinaus wurde der Verzweigungsphänotyp des Mutterbaumes (**Ortet**) mit dem entsprechenden Verzweigungsphänotyp der Pfropflinge (**Ramets**) verglichen. Die Unterschiede der Verzweigung zwischen Ramet (zeigt annähernd den idealen Phänotyp = genetischer Bauplan) und Ortet (ist der reale Verzweigungsphänotyp) lassen Rückschlüsse auf die Modifizierbarkeit der Verzweigung zu und sind ein Maß für den Modifikationsgrad (= Abweichung des realen Phänotyps vom genetischen Bauplan in Verzweigungsstufen) des jeweiligen Mutterbaumes.

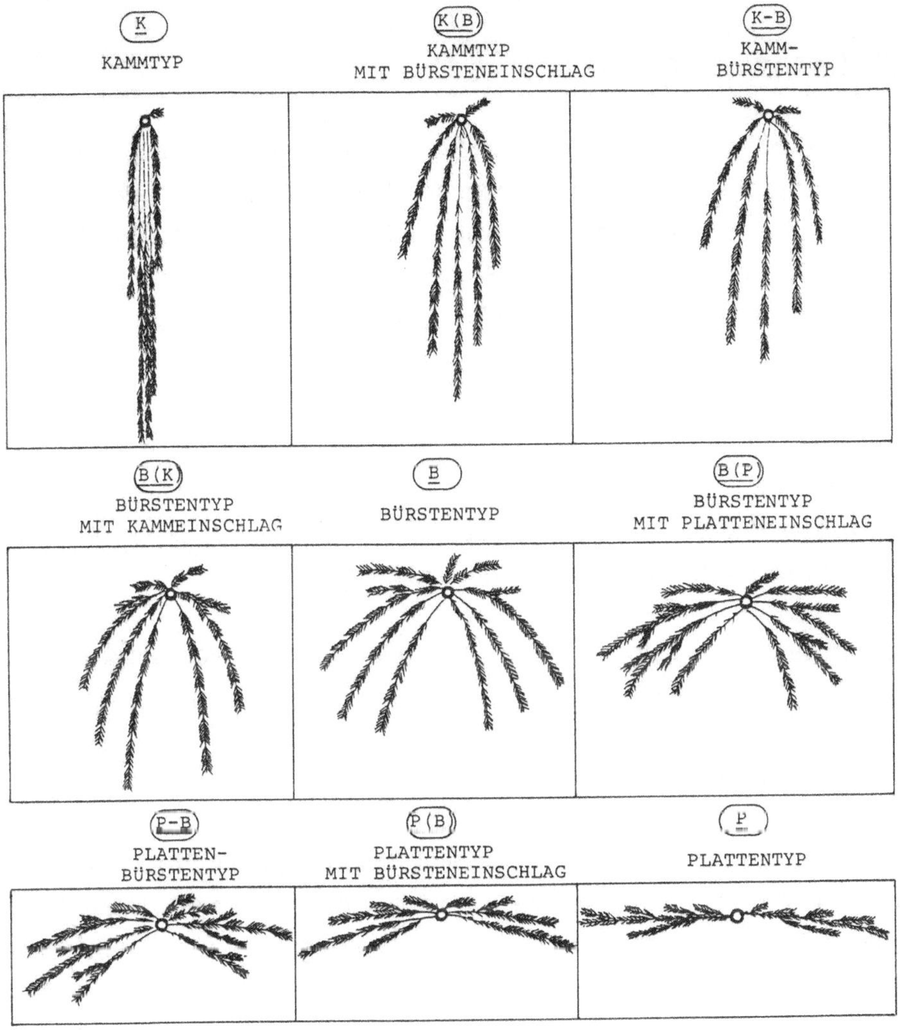

Abb. 1: Klassifizierung der Verzweigungsphänotypen (nach der Stellung der Seitenzweigen 2. Ordnung) bei der Fichte

Fig. 1: *Classification of the branching phenotypes on Norway spruce*
K = comb-type, B = brush-type, P = plate-type
K(B) = comb-type tending to brush-type, K-B = comb-brush-type

3. ERGEBNISSE

3.1. Die Typen des Nadelfalls

Beim Verlust der Nadeln aus der Fichtenkrone treten zwei Typen auf. Der erste ist dadurch charakterisiert, daß die Nadeln über den eigens dafür angelegten Seperationsapparat zum Abfallen gebracht werden (**Nadelfall über die Trennzone**: apparativ) In anderen Fällen gehen der Krone Nadeln aber auch verloren, was nicht über die Trennungseinrichtung stattfindet (**mechanisch bedingter Nadelverlust**: nicht apparativ). In der **ABBILDUNG 2** sind die morphologischen Grundtypen dargestellt.

3.1.1. Der Nadelfall über die Trennzone

3.1.1.1. Morphologie und Anatomie der Trennzone

Um begiffliche Unklarheiten auszuschließen, sei vorab auf einige Definitionen hingewiesen (s. *Pfeiffer*, 1928).

Das **Trennungsgewebe** ist der Gewebekomplex, in dem die Trennung erfolgt. Die **Trenn-** oder **Trennungszone** dagegen ist der Bereich am Blattorgan, an dem die Separation mit größter Regelmäßigkeit eintritt. **Trennungsschichten** sind deutlich voneinander differenzierbare Gewebekomplexe, die innerhalb der Trennzone liegen und am Trennungsprozeß aktiv oder passiv beteiligt sind. Der **Trennungsprozeß** ist die Art und der Verlauf der Separation. **Primäre Trennungsgewebe** sind solche, die frühzeitig, daß heißt schon lange Zeit vor dem Ablösungsprozeß vollständig gebildet werden (vollständig vorgeprägt). **Sekundäre Trennungsgewebe** dagegen bilden sich unmittelbar vor der Blattablösung. Eine **Rhexolyse** ist eine Zerreißung.

Jeder Fichtentrieb trägt spiralig angeordnete Nadeln, die auf braunen Blattkissen sitzen. Die grüne Nadel hat an ihrer Basis ein wachsfarbenes Querband ausgebildet, die sogenannte hyaline Schicht (s. *Kirchner et al*., 1906). Der kurze, von der

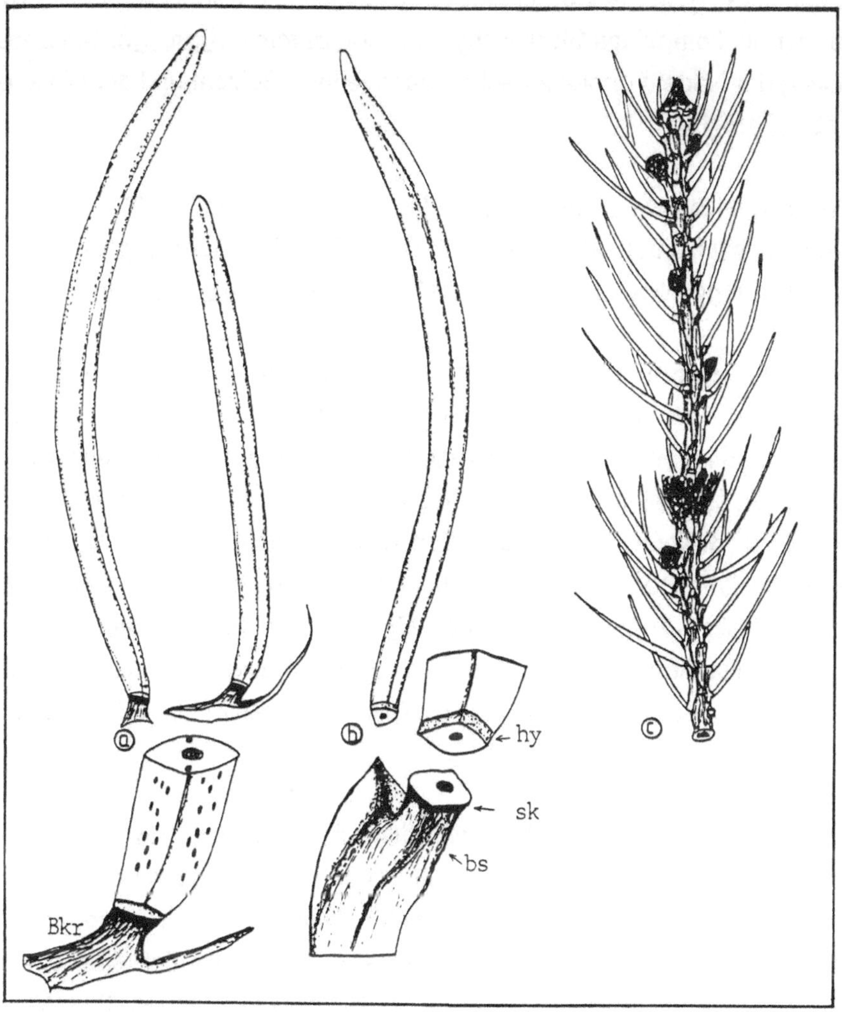

Abb. 2: Typen des Nadelfalls :
a) mechanisch bedingter Nadelabriß, b) Nadelfall über die Trennzone,
c) Nadelverlust über Zweigverlust
bs = Schaft des Blattkissens, hy = hyaline Schicht der Nadelbasis,
sk = Sklerenchymschicht des Blattkissens, Bkr = Blattkissenrest

Fig. 2: *Types of needle loss :*
a) mechanically detached needle loss, b) needle fall via abscission zone
c) needle loss caused by twig loss

Triebachse abzweigende Schaft des Blattkissens schließt mit einem braunen Ring ab, der ein kompaktes Sklerenchymgewebe darstellt (FOTO 1A). Die apparative Ablösung der Nadeln erfolgt zwischen der hyalinen Schicht und dem Sklerenchymgewebe (FOTO 1B).

Mikroskopische Präparate zeigen, daß die Trennzone der Fichtennadel aus drei Trennungsschichten aufgebaut ist. Dies sind das **Schrumpfungsgewebe**, das **Trennungsgewebe** und das **Widerstandsgewebe** (ABB. 3, FOTO 3).

Das **Schrumpfungsgewebe** bildet die Nadelbasis, bzw. die schon erwähnte hyaline Schicht. Sie setzt sich aus länglichen, sehr dickwandigen und kleinlumigen Zellen zusammen, die lange lebende Protoplasten und große Zellkerne aufweisen. Die Zellen sind mit ihren Längsachsen parallel zur Nadellängsachse orientiert. Die Zellwände, welche die Ligninreaktion (Phloroglucin, Anilinsulfat) zeigen und eine deutliche längsgerichtete Wandschichtung erkennen lassen, sind durch wenige, aber auffällige Tüpfel unterbrochen (FOTO 7). Ähnlich wie diese Zellen sind die Hypodermiszellen aufgebaut; letztere sind jedoch länger und schmäler. Die Schrumpfungsgewebezellen und die Hypodermiszellen schließen nahtlos aneinander an und bilden eine Einheit (ABB. 3).

Das **Widerstandsgewebe** bzw. die Sklerenchymschicht bildet die Blattnarbe. Sie besteht aus dickwandigen, verholzten, quer zur Längsachse der Nadel liegenden und in ein bis zwei Reihen angeordneten Zellen. Die Zellwände sind durch viele Tüpfel perforiert. Sie schließen Protoplasten und große Zellkerne ein. Im Gegensatz zur hyalinen Schicht schrumpft die Sklerenchymschicht allenfalls nur unwesentlich. Sie stellt daher gewissermaßen ein starres Widerlager zum Schrumpfungsgewebe dar.

Zwischen dem Schrumpfungsgewebe und dem Widerstandsgewebe liegt das weitgehend einschichtig aufgebaute **Trennungsgewebe**, dessen drei- und viereckig geformten Zellen die Sudan III (IV)-Reaktion zeigen. Dabei reagieren aber nur die Sekundärwände, die lamellenartig geschichtet sind. Die Primärwände verbinden das Widerstands- und Schrumpfungsgewebe miteinander.

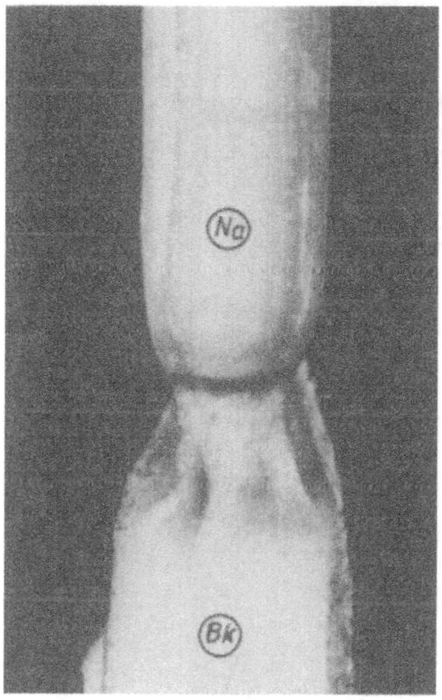

a

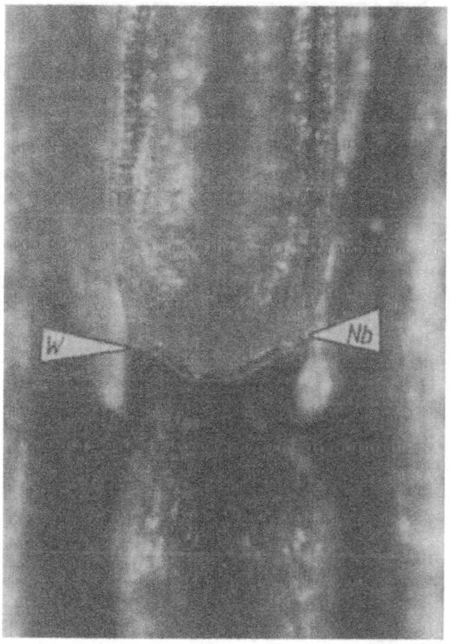

b

Foto 1a: Trennzone der intakten Fichtennadel
(Bk = Blattkissen, Na = Nadel)

Photo 1a: Abscission zone of a healthy needle of Norway spruce
(Bk = needle cushion, Na = needle)

Foto 1b: Trennzone einer abfallenden Fichtennadel: die Nadelbasis (Nb) ist bereits geschrumpft
(W = Widerstandsgewebe am Blattkissen)

Photo 1b: Abscission zone of a needle immediately before dropping off: the needle base (nb) is already shrunk
(W = resistance tissue of the needle base)

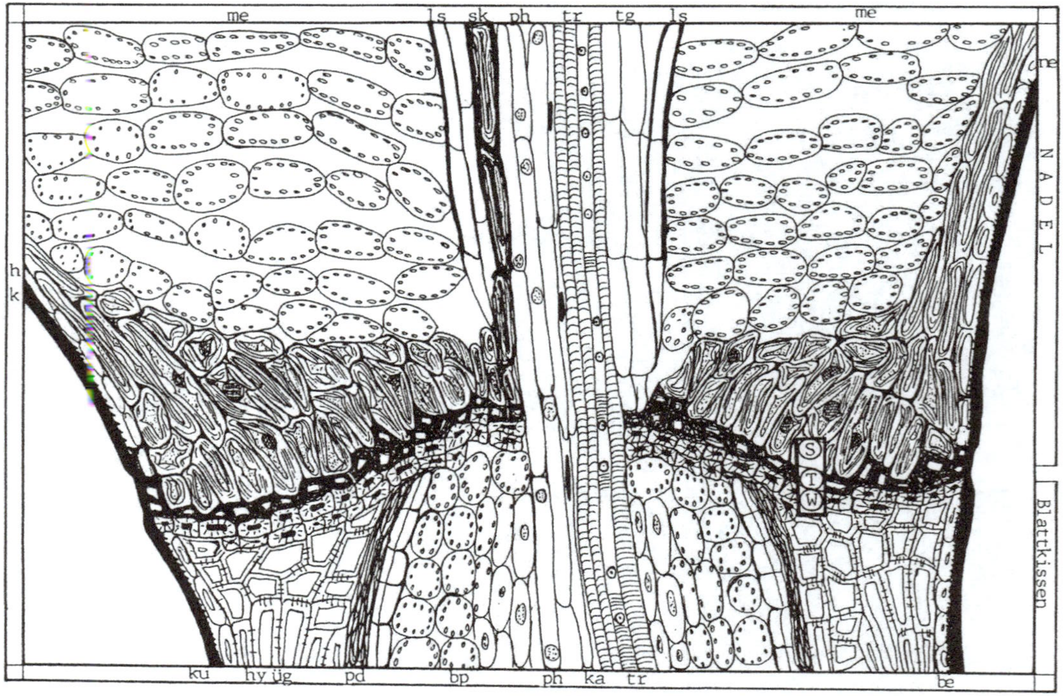

Abb. 3: Anatomie der Trennzone bei der Fichtennadel:
S = Schrumpfungsgewebe (hyaline Zellen), T = Trennungsgewebe (Kutinzellen),
W = Widerstandsgewebe (Sklerenchymzellen)

Fig. 3: *Anatomy of the abscission zon on Norway spruce:*
S = shrinkage tissue, T = abscission tissue, W = resistance tissue

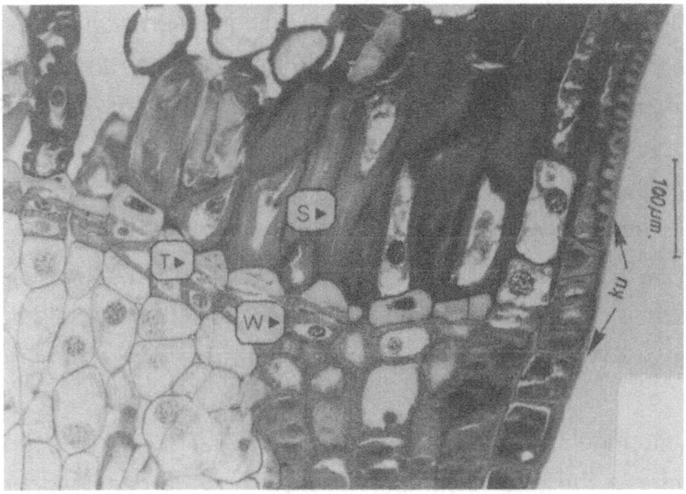

Foto 2: Längsschnitt durch die Trennzone der Fichtennadel (S = Schrumpfungsgewebe, T = Trennungsgewebe, W = Widerstandsgewebe, Ku = Kutikula)

Photo 2: Longitudinal section through the abscission zone of the spruce's needle (S = shrinkage tissue, T = abscission tissue, W = resistance tissue)

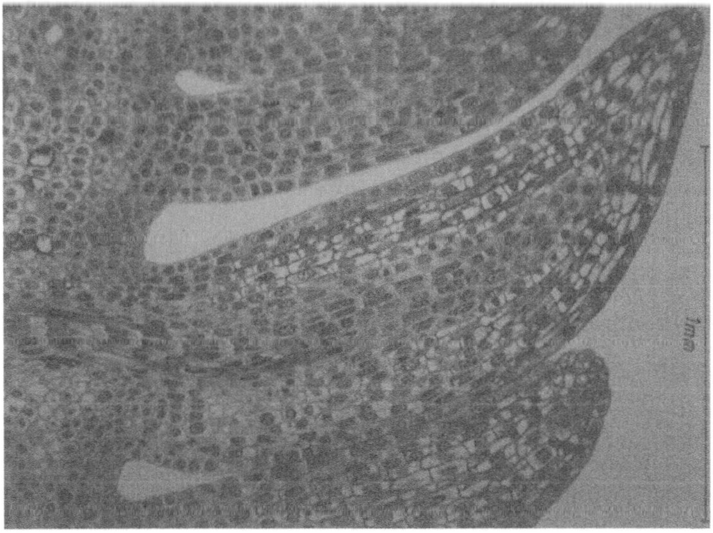

Foto 3: Längsschnitt durch eine Nadelanlage zu Beginn der Nadeldifferenzierung (Anfang Mai)

Photo 3: Longitudinal section through a needle primordium at the beginning of needle differentiation (beginning of May)

Bei der Anfertigung von Hand- und Paraffinschnitten lösen sich die Sekundärwände sehr leicht aus den Primärwänden. Dies hatte zu einer ungenauen Beschreibung der Trennzone geführt (s. *Neger und Fuchs, 1915; Napp-Zinn, 1966)* .

Das Trennungsgewebe reicht bis in die Epidermis und ist dort durch meist zwei übereinanderliegende "***epidermale Trennungsgewebezellen*** " ausgebildet. Dadurch besteht zwischen der Nadel und dem Blattkissen eine scharfe Grenze. Nur über das zentrale Leitbündel, das die Trennungsschichten kanalartig durchzieht (FOTO 9), findet der Wasser- und Stofftransport statt.

Neben dem Leitbündel und dem Trennungsgewebe ist die Nadel mit dem Blattkissen noch durch die Kutikula verbunden. Genau in Höhe des Trennungsgewebes ist die Kutikula aber nur etwa halb so dick wie im benachbarten Bereich. Für die feste Haftung der Nadel auf dem Blattkissen scheint die Kutikula eine größere Bedeutung zu haben als das Trennungsgewebe selbst. Denn wird die Kutikula im Bereich des Trennungsgewebes entfernt oder verletzt, läßt sich die Nadel sehr leicht ablösen.

Nach *Sifton* (1965) soll in den Mittellamellen des Trennungsgewebes eine Umwandlung von Pektinsäure in lösliches Pektin stattfinden, wodurch die Trennung der Nadel bei der Austrocknung erst möglich wird. Daß ein solcher Prozeß bei der Nadelablösung nicht notwendig sein muß, läßt sich schon daran erkennen, daß die Trennung auch an kurzfristig abgetöteten Nadeln erfolgt, sofern sie vertrok-knen können.

Die Verbindung zwischen der Nadel und dem Blattkissenschaft wird also durch die Kutikula, die Primärwände der Trennungsgewebezellen und das Leitbündel (= Blattspur) hergestellt.

3.1.1.2 Die Entwicklung der Trennzone

Die Ausbildung der Trennzone erfolgt zusammen mit der Nadeldifferenzierung. Derartige frühzeitig angelegten Trennungsgewebe werden als primäre Trennungsgewebe bezeichnet (*Pfeiffer*, 1928). Auf den **Fotos 4 bis 8** sind an radialen Längsschnitten verschiedene Entwicklungsstadien der Trennzone aufgezeigt:

Zu Beginn der Differenzierung (**Mitte April bis Anfang Mai**) ist das Gewebe der Nadel überall noch einheitlich meristematisch. Folglich sind noch keinerlei Anzeichen der Trennzone erkennbar (Foto 3).

Ende Mai jedoch ist die Trennzone durch ein Querband dichter, kleiner meristematischer Zellen schon angezeigt (Foto 4). Außerdem ist die Nadel im Bereich der Trennzone ausgebaucht.

Mitte Juni sind dann die Zellen der verschiedenen Gewebe schon so weit entwickelt, daß sie als spezifische Trennungsschichten unterschieden werden können (Foto 5). Sehr auffällig treten die Sklerenchymzellen mit ihrer reichlichen Tüpfelung und ihren bereits, wenn auch noch unvollständig, verdickten Zellwänden hervor. Die hyalinen Zellen haben ihre Endgröße erreicht; sie besitzen aber noch sehr dünne Zellwände. In diesem Stadium sind die Primärwände der Trennungsgewebezellen sehr gut zu beobachten, weil die Bildung der Sekundärwände noch nicht begonnen hat. Zellteilungen finden nicht mehr statt. Die Kutikula ist schon sehr weit entwickelt. Auf den epidermalen Trennungsgewebezellen ist sie wesentlich dünner und ebenso wie auf den Epidermiszellen des Blattkissens als einfache Auflage ausgebildet. Auf den Epidermiszellen der Nadel ist sie dagegen zahnartig in die Zellwände eingesenkt.

Ende Juni, nachdem die Differenzierung der hyalinen Zellen und der Sklerenchymzellen weiter fortgeschritten ist, beginnen sich die Sekundärwände der Trennungsgewebezellen zu bilden (Foto 6).

Mitte Juli, wenn die aus Kutin oder kutinähnlichem Material bestehenden Sekundärwände der Trennungsgewebezellen fertiggestellt sind, ist auch die Differenzierung der übrigen Trennungsschichten abgeschlossen (Foto 7). Von diesem Zeitpunkt an ist der Trennungsapparat der Nadel funktionstüchtig.

Die Differenzierung des bis an die Sklerenchymschicht reichenden Rindenperi-

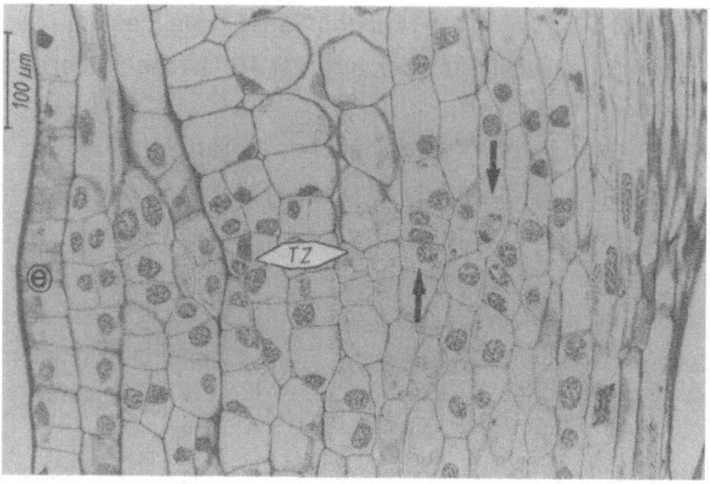

Foto 4: Längsschnitt durch die Trennzone (TZ) während der Nadeldifferenzierung (Ende Mai). Die Trennzone ist durch die meristematischen Zellen (Größe, Lage, Dichte) angezeigt. Die Epidermis (e) ist im Bereich der Trennzone ausgebaucht.

Photo 4: Longitudinal section through the abscission zone (TZ) during needle differentiation (end of May). The abscission zone is indicated by the concentration of meristematic cells. The epidermis (e) is bulged in the region of the abscission zone

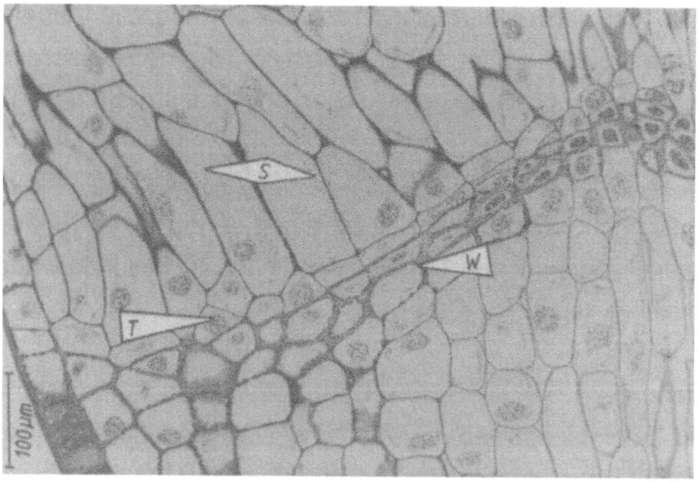

Foto 5: Längsschnitt durch die Trennzone während der Nadeldifferenzierung (Mitte Juni);
S = Schrumpfungsgewebe, T = Trennzone, W = Widerstandsgewebe)

Photo 5: Longitudinal section through the abscission zone during needle differentiation (middle of June)

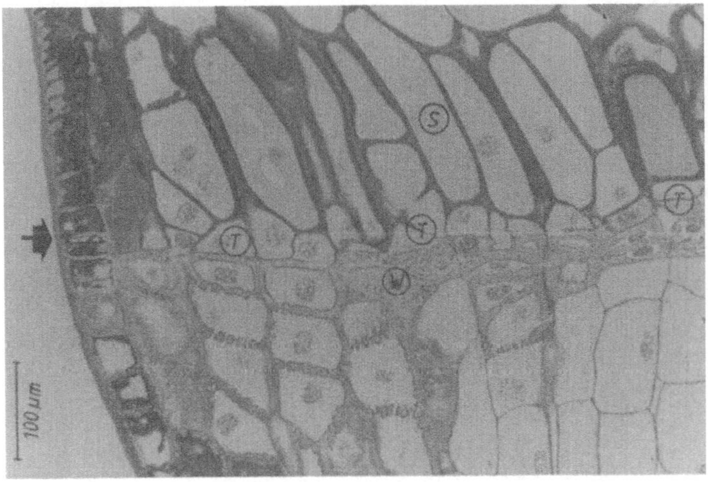

Foto 6: Längsschnitt durch die Trennzone während der Nadeldifferenzierung (Ende Juni); S = Schrumpfungsgewebe, T =Trennzone, W = Widerstandsgewebe). Die Zellen des Trennungsgewebes beginnen sich zu differenzieren. Die Sekundärwände bilden sich. In Höhe des Trennungsgewebes ist die Kutikula dünner (Pfeil)

Photo 6: Longitudinal section through the abscission zone during needle differentiation (end of June). The cells of the abscission tissue are differentiting. The secondary walls are forming. The cuticle is thinner in the region of the abscission tissue (arrow).

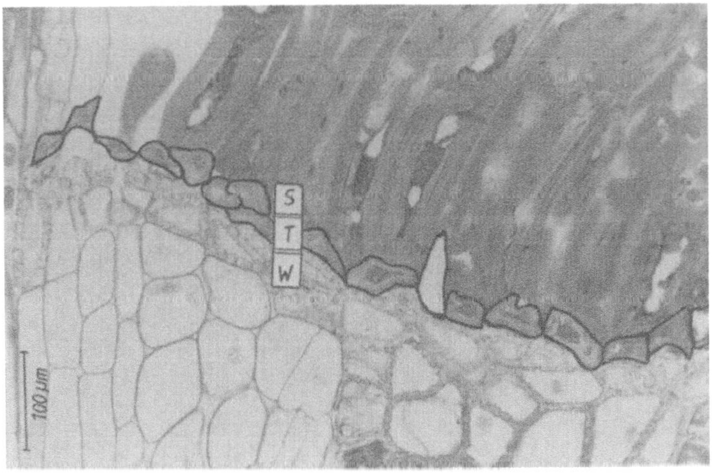

Foto 7: Längsschnitt durch die Trennzone während der Nadeldifferenzierung (Mitte July). Die drei Trennungsschichten sind differenziert. Die Sekundärwände der Trennungsgewebezellen sind ausgebildet.

Photo 7: Longitudinal section through the abscission zone during needle differentiation. All three abscission layers are differentiated. The secondary walls of the abscission tissue are entirely developed.

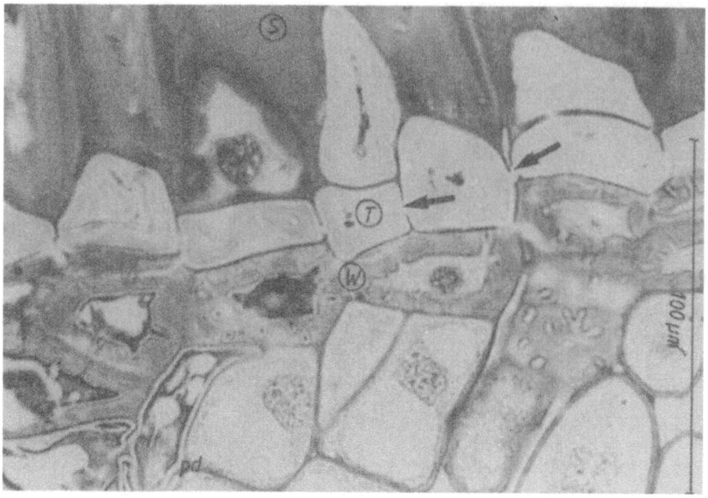

Foto 8: Längsschnitt durch die Trennzone einer 3-jährigen Nadel (1. 3. 1984): S = Schrumpfungsgewebe, T = Trennungsgewebe mit lamellenartig aufeinandergeschichteten Sekundärwänden, W = Widerstandsgewebe

Photo 8: Longitudinal section through the abscission zone of a three year old needle (1. 3. 1984)

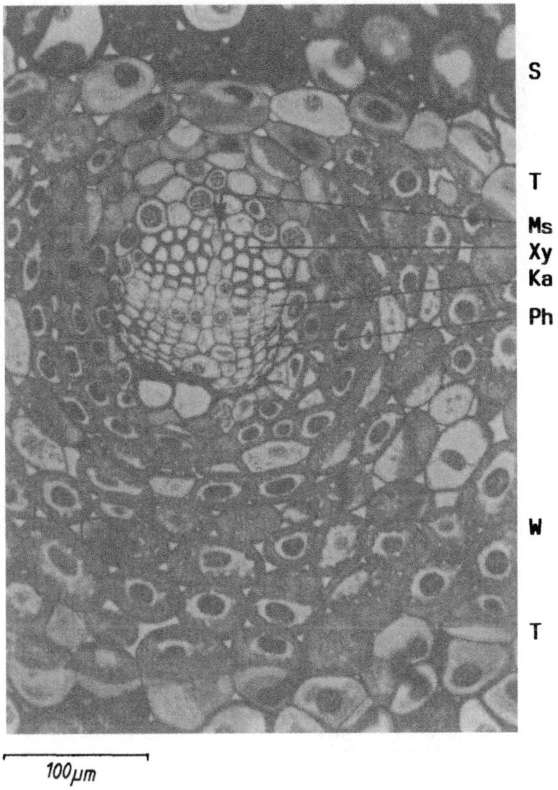

Foto 9: Querschnitt durch das Leitbündel im Bereich der Tennzone
W = stark getüpfelte Zellen des Widerstandsgewebes, T = Zellen des Trennungsgewebes, S = Zellen des Schrumpfungsgewebes
Nur das Leitbündel durchzieht die Trennzone (Ms = Markstrahl, Ka = Kambium, Ph = Phloem, XY = Xylem)

Photo 9: Cross section through the leaf trace in the region of the abscission zone
W = cells of the resistance tissue with many pits
T = cells of the abscission tissue
S = cells of the shrinkage tissue
Only the leaf trace passes through the abscission zone

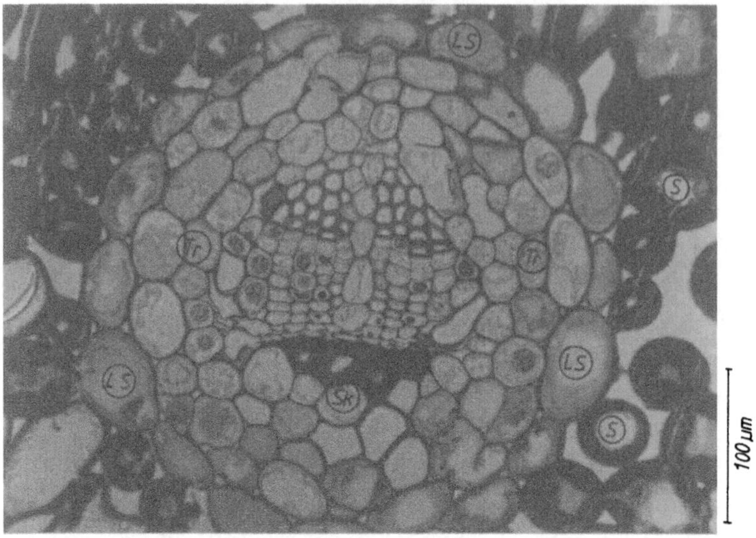

Foto 10: Querschnitt durch das Leitbündel: im Bereich des Schrumpfungsgewebes (S) sind die Leitbündelscheide (Ls) das Transfusionsgewebe (Tr) und die Sklerenchymkappe (Sk) differenziert.

Photo 10: Cross section through the leaf trace:
shrinkage tissue (S), leaf trace sheath (Ls) transfusion tissue (Tr) sclerenchyma cap (Sk)

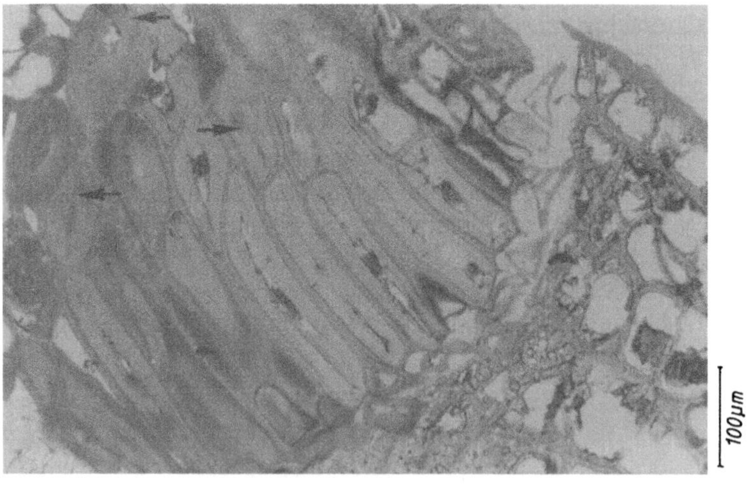

Foto 11: Längsschnitt durch die Trennzone einer 6-jährigen Nadel: Zerreißphase (25. 7. 1983)

Photo 11: Longitudinal section through the abscission zone of a six year old needle: tearing phase (25. 7. 1983) derms ist zu diesem Zeitpunkt noch nicht abgeschlossen. Dieses Periderm schließt im Gelenkschaft die Nadelspur und das Blattkissenparenchym, welches zum primären Rindenparenchym gehört, röhrenförmig ein (s. **Abb. 3, 5**).

Behrens (1886) schreibt treffend, daß durch den Korkmantel, womit er das Rindenperiderm meint, das Blattkissen bereits im ersten Jahr vom Trieb abgehoben wird, während die Nadel noch sechs bis sieben Jahre daran stehen bleibt. Durch das Rindenperiderm wird also die zum primären Triebabschlußgewebe gehörende Epidermis und Hypodermis vom Trieb abgegliedert, die nach *Hofmeister* (1851) und *Goebel* (1933) als Blattgrund betrachtet werden (s. **Abb. 3**, *Gruber* ,1986, 1987a).

3.1.1.3. Die Mechanik des Abtrennungsprozesses (s. Abb. 4)

Durch den Bau und das Zusammenwirken der drei Trennungsschichten wird der Ablösungsmodus der Nadel bestimmt, der eine "***hygroskopische Rhexolyse*** " darstellt.

Auslösender Moment der Nadelseparation ist die Schrumpfung der hyalinen Schicht infolge von Wasserverlust. Die Schrumpfung ist eine Entquellung der dicken, längsgerichteten Zellwände durch Abgabe von Imbibitionswasser (*Neger, 1915; Pfeiffer ,1926*). Dabei verkleinern die eng aufeinander geschichteten und parallel zur Längsachse der Nadel ausgerichteten Zellulosefibrillen ihre Abstände zueinander und bewirken so eine senkrecht zur Nadellängsachse erfolgende Kontraktion des Gewebes. Dieser Prozeß ist bei Wasserzufuhr - auch an der toten Nadel wie Paraffinpräparate zeigen - reversibel.

Die Sklerenchymschicht mit ihren stark verholzten und quer zur Streichrichtung der hyalinen Zellen orientierten Zellwänden besitzt keine oder höchstens eine nur sehr geringe Kontraktionsfähigkeit. Sie bildet daher gegenüber der Schrumpfungsschicht ein starres Widerlager.

Bei der Kontraktion der hyalinen Schicht geraten die Kutikula und die dünnen

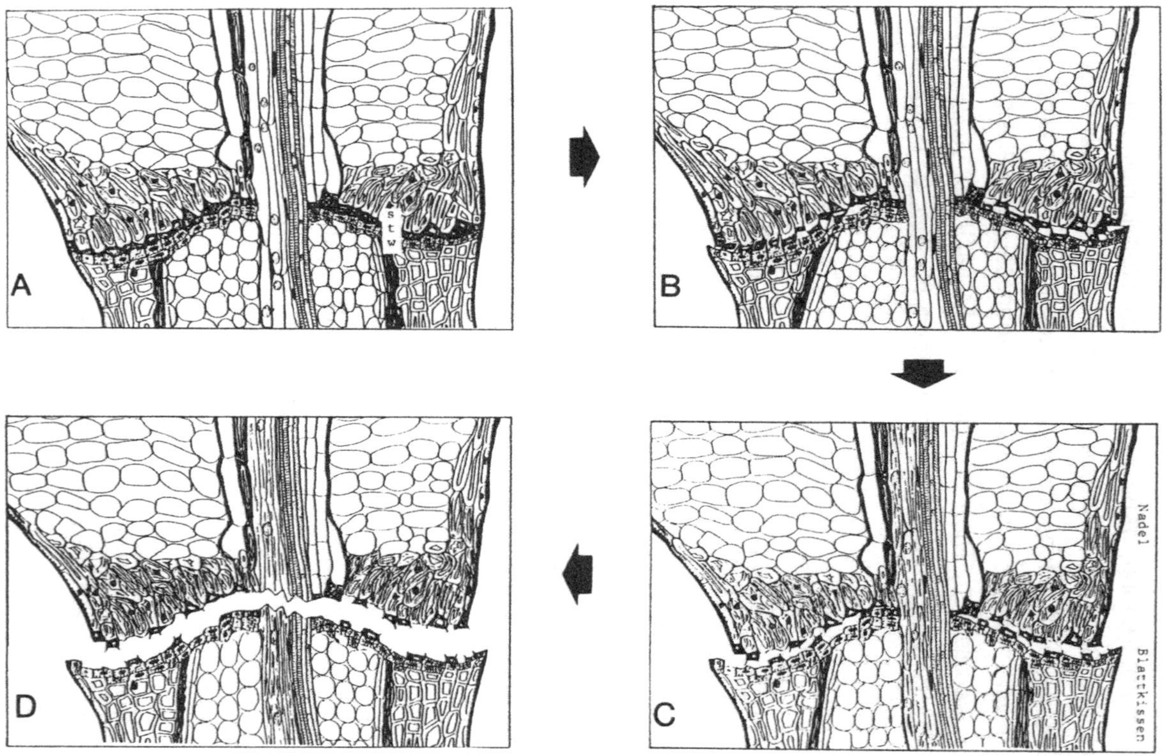

Abb. 4: Phasen des Abtrennungsvorgangs bei der Fichtennadel:
A = Ruhephase, B = Dehnungsphase (weitgehende Vertrocknung) C = Zerreißphase (irreversibel), D = Abbruch; s = Schrumpfungsgewebe, t = Trennungsgewebe, w = Widerstandsgewebe

Fig. 4: *Phases of the abscission process on Norway spruce's needle*

Primärwände des Trennungsgewebes unter Zugspannung. Sie werden zunächst gedehnt und dann durch die zu große Scherwirkung beim Entquellungsvorgang zerrissen (FOTOS 11, 12). Die Nadel ist dann mit dem Blattkissen nur noch durch das Leitbündel verbunden. Um schließlich auch noch diese Verbindung zu lösen, genügen schon geringe mechanische Einwirkungen, bei denen das Leitbündel einfach durchgebrochen wird.

Der Trennungsprozeß der Fichtennadel unterscheidet sich somit sehr wesentlich von dem der Laubbäume. Während bei diesen die Ausbildung des Trennungsgewebes unmittelbar vor dem Blattfall einsetzt (sekundäres Trennungsgewebe), also einen Wachstumsprozeß darstellt, erfolgt die Ablösung der Fichtennadel durch einen in der Morphogenese der Nadel frühzeitig angelegten und rein mechanisch-physikalisch arbeitenden Trennungsapparat. Der Zeitpunkt des Trennungsvorgangs wird damit nur durch den Wasserzustand in der hyalinen Schicht bestimmt, unabhängig davon, ob die Nadel lebend oder tot ist. Der Benadelungszustand der Fichtenkrone ist daher sehr wesentlich von der Wasserversorgung abhängig. Der Nadelfall der Fichte scheint daher sehr sensibel auf Wasserstreß zu reagieren.

Der Schrumpfungsprozeß selbst muß nicht hormonell gesteuert zu sein, da ja die Schrumpfung der hyalinen Schicht auch an toten bzw. abgetöteten Nadeln stattfindet. Im Frühjahr ist jedoch häufig zu beobachten, daß auch grüne, turgeszente Nadeln, also Nadeln mit hohem Wassergehalt, apparativ abfallen können (vergl. Kapitel 3.2.). An solchen Nadeln konnte festgestellt werden, daß die Blattspur an der Nadelbasis gebräunt war (s. ABB. 5; FOTO 13); das Gewebe war an dieser Stelle ausgetrocknet, darüber schien es aber noch zu leben. Diese Erscheinung könnte auf einen hormonell gesteuerten Blattspurverschluß hindeuten, der bei Nadelbeschädigungen und vielleicht auch bei Wasserstreß in den Nadeln wirksam wird.

Wie fest die Nadel auf dem Blattkissen sitzt, geht daraus hervor, daß die Nadel bei der Zugbewegung in ihrer Längsrichtung nicht im Trennungsgewebe, sondern meist mit Teilen der Rinde oder sogar oberhalb der Trennzone in der Nadel selbst abreißt. Sehr leicht jedoch springt eine Nadel ab, wenn sie in der Trennzone, zum Beispiel mit einer Pinzette, zusammengedrückt wird.

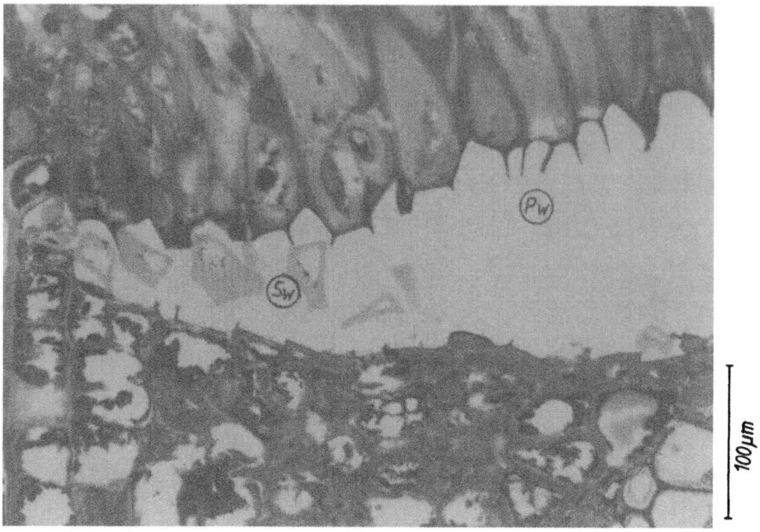

Foto 12: Längsschnitt durch die Trennzone einer einseitig geschrumpften Nadel basis. Die Kutikula ist nocht nicht durchgebrochen (Pw = Primärwände, Sw = Sekundärwände der Trennungsgewebezellen)

Photo 12: Longitudinal section through a one-sided torn abscission zone. The cuticle is not yet broken. (Pw = primary walls, Sw = secondary walls of the abscission tissue's cells)

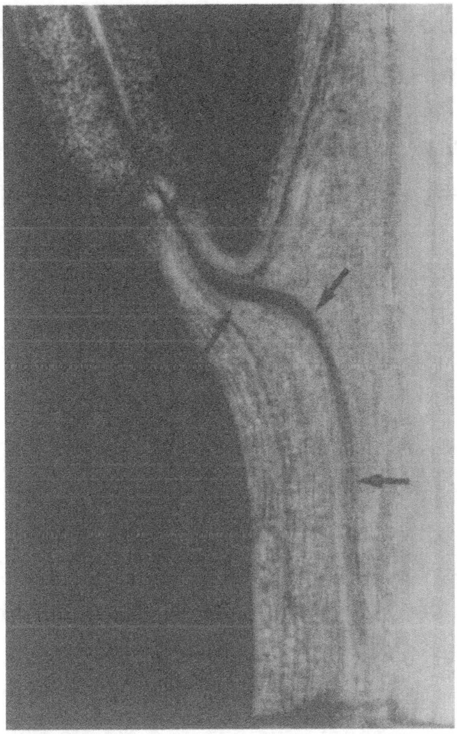

Foto 13: Längsschnitt durch eine stark gebräunte Blattspur im Bereich des Blatt kissens und der Trennzone.

Photo 13: Longitudinal section through a strongly browned leaf trace in the region of the needle cushion and the abscission zone

3.1.1.4 Der Wassergehalt abfallender Nadeln und das Schrumpfungsvermögen der Trennungsschichten

Der Wassergehalt intakter Nadeln liegt je nach der Jahreszeit etwa zwischen 50 % und 60% des Nadelfrischgewichtes (s. TAB. 1, Spalte 4). Bei den durchgeführten Trocknungsversuchen wurde festgestellt, daß die Nadeln erst dann abfielen, wenn sie vollständig ausgetrocknet waren. Nadeln, die am Trieb aber noch haften blieben, wiesen dagegen noch einen Wassergehalt von 1 % bis 5 % auf (s. TAB.1, Spalten 4 und 5 bzw. 6).

Neger und Fuchs (1915) geben den zum Nadelfall notwendigen Wasserverlust mit mindestens 41,9 % an.

Abgeschnittene Zweige mit intakten Nadeln verlieren ihre Nadeln bei der Aufbewahrung im Zimmer innerhalb weniger Tage (**Weihnachtsbaumeffekt**). Im Kühlraum oder im Treibhaus gelagerte Zweige können ihre Nadeln dagegen mehrere Monate lang behalten. Dies zeigt, wie sehr der Trennungsprozeß von der Temperatur und Luftfeuchtigkeit abhängt. Dadurch wird die physikalische Natur der Nadelabtrennung deutlich.

Die Schrumpfungskapazität der hyalinen Schicht wurde durch das Verhältnis der geschrumpften Nadelbasisfläche zur Nadelnarbenfläche bestimmt und mit durchschnittlich 78,39 % errechnet (TAB. 2). Das Schrumpfungsgewebe kann also im Flächenquerschnitt durchschnittlich 21,61 % schrumpfen. Dies reicht aus, um die Kutikula und die Wände der Trennungsgewebezellen zu zerreißen.

Behrens (1886) gibt für die Schrumpfung der "kleinzelligen Schicht" (= Widerstandsgewebe) 5 % - 7 % und der "aus gestreckten Zellen bestehenden Schicht" (= Schrumpfungsgewebe) 12 % - 14 % ihres Durchmessers an. Nach *Campbell and Vines* (1938) soll nicht der absolute Wassergehalt der hyalinen Schicht der entscheidende Faktor für den Nadelfall, sondern das Verhältnis des Wassergehaltes zwischen der hyalinen Schicht und dem Blattkissen sein. Bei den eigenen Untersuchungen konnte jedoch eine Schrumpfung des Widerstandsgewebes nicht festgestellt werden.

Tab. 1: Wassergehalte frisch abgelöster und Wasserdefizite gerade abfallender Nadeln von Trieben junger Fichten auf zwei unterschiedlichen Standorten (Abteilungen 65 und 103, Forstamt Einbeck)

1 = 100-Nadel-Frischgewicht (g) der vor der Trocknung entfernten Nadeln

2 = Wassergehalt (%) der vor der Trocknung entfernten Nadeln

3 = ermitteltes Wasserdefizit (%) der gerade abfallenden Nadeln

4 = Differenz zwischen 2 und 3 (errechneter Wassergehalt in % der gerade abfallenden Nadeln)

***Tab. 1:** Water content of freshly detached and water deficit of dropping off needles on shoots of young spruce on two different stands (sections 65 and 103, forest office Einbeck)*

		1	2	3	4	
F 65	20.5.1984	0,9980	52,91	52,14	+0,77	-
		1,1709	54,86	56,71	-1,85	-
		1,6140	53,67	56,85	-3,18	-
		1,1795	54,39	56,53	-2,14	-
		1,2470	51,28	54,95	-3,67	-
	30.5.1984	1,8300	64,62	64,27	+0,15	-
		1,0978	59,26	59,38	-0,12	-
		0,9270	50,95	52,18	-1,23	-
		1,0557	53,77	49,65	+4,12	noch kein Nadelfall
		1,3104	60,57	61,35	+0,78	-
	12.6.1984	1,0260	54,47	54,25	+0,22	-
		1,2719	58,41	57,97	+0,44	-
		1,7062	57,40	55,79	+1,61	Nadeln tw. fest sitzend
		1,0569	57,08	57,89	-0,81	-
	19.6.1984	2,1147	55,53	55,94	-0,41	-
		1,5600	54,71	56,00	-1,29	-
		1,1257	56,84	59,30	-2,46	-
		0,9837	57,67	59,09	-1,42	-
		1,6284	55,28	55,94	-0,66	-
	25.6.1984	1,5168	61,46	60,51	+0,95	-
		1,5358	63,83	63,33	+0,50	-
		1,3872	58,07	55,07	+3,00	-
		1,0550	57,09	54,51	+2,58	-
		1,2378	58,53	56,50	+2,03	-
	2.7.1984	0,6730	57,89	58,36	-0,47	-
		0,8964	58,94	59,92	-0,98	-
		1,2501	58,80	59,22	-0,42	-
		1,5317	58,96	60,33	-1,38	-
	9.7.1984	1,2632	55,31	52,39	+2,92	Nadeln tw. fest sitzend
		0,8036	58,66	58,02	+0,64	-
		0,8840	58,66	59,35	-0,69	-
		0,7375	58,82	57,96	+0,86	-
		1,1027	58,21	56,27	+1,94	Nadeln tw. fest sitzend

F 103	2.7.1984	1,2631	58,47	59,14	-0,67	-
		0,9927	57,09	56,79	+0,30	-
		1,0458	57,58	58,66	-1,08	-
		1,3234	56,90	56,97	-0,07	-
		1,3992	54,94	55,74	-0,80	-
	9.7.1984	0,8463	58,12	53,50	+2,62	-
		1,4553	55,12	53,84	+1,28	-
		1,3502	59,99	59,38	+0,61	-
		1,2840	59,84	59,70	+0,14	-
		1,1032	57,22	55,03	+2,19	Nadeln tw. fest sitzend

Tab. 2: Verhältnisse der Nadelbasisfläche zur Nadelnarbenfläche (in %) im vollständig geschrumpften Zustand der Nadelbasis
($x = 78{,}39$; $s_x = 2{,}56\%$)

***Tab. 2:** Proportions of needle base area/needle scar area (in %) on an entirely shrunk needle base*

Trieb	1	2	3	4	5	6	7	8	9	10
Nadel 1	82,35	74,29	84,47	84,57	76,20	88,13	76,29	76,49	82,55	73,68
Nadel 2	76,47	76,42	79,99	86,23	72,59	88,81	74,79	77,17	78,35	81,02
Nadel 3	80,13	75,38	79,74	80,87	77,57	88,89	71,38	76,29	77,69	81,20
Nadel 4	77,11	75,81	82,02	86,87	76,16	79,06	77,39	70,88	78,05	82,68
Nadel 5	75,38	75,75	80,16	82,79	82,00	79,95	74,59	73,69	77,56	85,11
$\bar{x}$	78,29	75,53	81,21	84,27	76,90	78,97	74,89	74,90	77,56	80,12

Trieb	11	12	13	14	15	16	17
Nadel 1	79,87	78,74	84,69	75,30	75,77	89,61	80,84
Nadel 2	81,60	75,53	77,11	77,07	78,92	79,93	80,07
Nadel 3	80,87	81,28	77,37	76,70	75,98	75,56	77,12
Nadel 4	82,27	79,51	79,03	74,81	77,50	74,29	77,50
Nadel 5	80,18	76,89	70,17	75,53	76,26	78,16	78,83
$\bar{x}$	80,96	78,39	77,59	75,88	76,89	80,12	78,87

3.1.1.5. Voraussetzungen des Nadelfalls über das Trennungsgewebe

Wie bereits aufgezeigt wurde, ist die Nadelabtrennung an die Nadelvertrocknung gebunden. Diese tritt immer dann ein, wenn das Gleichgewicht des Wassergehaltes zwischen Nadel und Triebachse erheblich gestört wird. Derart drastische Ungleichgewichte entstehen grundsätzlich, wenn

- irreparable Strukturschäden auf der Nadeloberfläche eintreten, wie zum Beispiel Kutikula- und Stomatadefekte, so daß die Transpiration nicht mehr reguliert werden kann;

- längerfristig Wassermangel im System bzw. in einzelnen Ast- und Zweigkomplexen auftritt. Dies kann zum Beispiel durch Bodentrockenheit oder stärkere Wurzeldefekte hervorgerufen werden. Dabei vertrocknen und fallen zuerst die ineffektiven Nadeln - das sind die Nadeln an den älteren und ältesten Seitenzweigen (vergl. Kapitel 3.3.3.) - und zwar vom ältesten hin zum jüngsten Nadeljahrgang ab. Dies kann sehr schön an älteren S_2- und Lamettazweigen (s. Kapitel 3.3.4.) beobachtet werden, wenn man Äste abschneidet und diese allmählich vertrocknen läßt;

- eine Blockade im Transportsystem bzw. eine Unterbrechung der Transportbahnen aufgebaut wird, wie zum Beispiel beim Verschluß der Blattspur oder bei der Unterbrechung derselben im Kambiumbereich (s. Kapitel 3.1.1.5.1. und 3.1.1.5.2.).

3.1.1.5.1. Blattspurverschluß und Abgliederung des Gelenkschaftes durch ein sekundäres Periderm

Der Verschluß der Blattspur konnte an einjährigen, fahlgrünen, noch am Trieb fest haftenden Nadeln von jungen und an im Frühjahr abfallenden, aber noch turgeszenten, grünen Nadeln von alten Fichten beobachtet werden. An radial geführten Längsschnitten durch die Blattspur solcher Nadeln und Triebe war eine auffällige Bräunung der Leitbündel festzustellen (FOTO 13). Diese war im Bereich der Trennzone am intensivsten ausgeprägt. Daraus läßt sich ableiten, daß die Bräunung dort ihren Ausgang genommen haben muß.

Die Verfärbung der Blattspur kommt dadurch zustande, daß zum einen die Tracheiden verstopft werden (FOTOS 14 A, B) und zum anderen die parenchymatischen Zellen der Blattspur braun werden bzw. deren Zellwände kutinisieren (s. ABB. 5). Im fortgeschrittenen Stadium bräunt sich noch das Blattkissenparenchym, und zwar bis zu der Linie, an der später das sekundäre Abschlußperierm der Blattspur entsteht. Durch dieses "***Abgliederungsperiderm***" wird die funktionslos gewordene Blattspur durchtrennt und mitsamt dem Gelenktschaft vom Trieb abgeschoben (= **Glättung der Trieboberfläche**; s. ABB. 5B). Der ursprünglich von der Blattspur durchlöcherte Peridermmantel des Triebes wird nun durch das Abgliederungsperiderm vollkommen geschlossen.

Der Blattspur- und Peridermverschluß hat für das Überleben der Fichte eine große Bedeutung. Als Reaktion auf eine Nadelalterung und Nadelbeschädigung besitzt damit die Zweigachse zwei Isolierungsmechanismen: Erstens eine primäre Abdichtung durch Verstopfen der Wasserleitbahnen und Kutinisierung der Zellwände aller parenchymatischen Blattspur- und Blattkissenschaftzellen; dadurch wird eine Austrocknung und Infektion der Zweigachse durch Mikroorganismen vorläufig verhindert; zweitens eine endgültige, sekundäre Abdichtung durch Abgliederung des Gelenkschaftes und vollkommenen Verschluß des Achsenperiderms.

Inwieweit der Blattspurverschluß einem ausgeglichenen Wasserhaushalt des Baumes dient, also zur Reaktionsnorm auf Wasserstreß gehört, ist noch nicht endgültig geklärt.

3.1.1.5.2. Der jährliche Anschluß älterer Nadeln an das Transportsystem

Wegen der mehrjährigen Lebensdauer der Fichtennadeln muß ihr Anschluß an das Leitungssystem ständig aufrecht erhalten werden. Denn die wasserführenden Leitbahnen der Blattspur können ja durch das alljährlich stattfindende Dickenwachstum zerrissen werden (s. ABB. 5A, B). Wenn daraufhin der Neuanschluß des Blattspurxylems an den neuen Holzjahresring ausbliebe, wäre die Wasserleitung zur Nadel unterbrochen und die Nadel müßte vertrocknen.

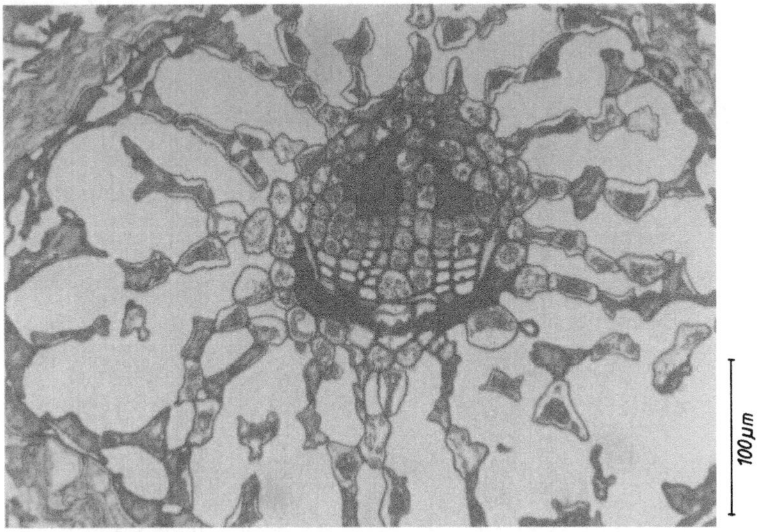

Foto 14a: Querschnitt durch die gebräunte Blattspur im Blattkissenschaft. Die Tracheiden sind verstopft.
Photo 14a: Cross section through the browned leaf trace in the shaft of the needle cushion. The tracheids are stopped.

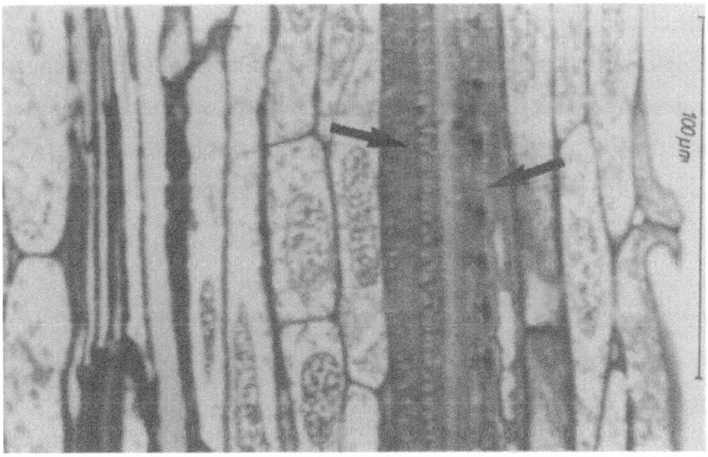

Foto 14b: Längsschnitt durch die Blattspur. Die Tracheiden sind verstopft.
Photo 14b: Longitudinal section through the leaf trace. The tracheids are stopped.

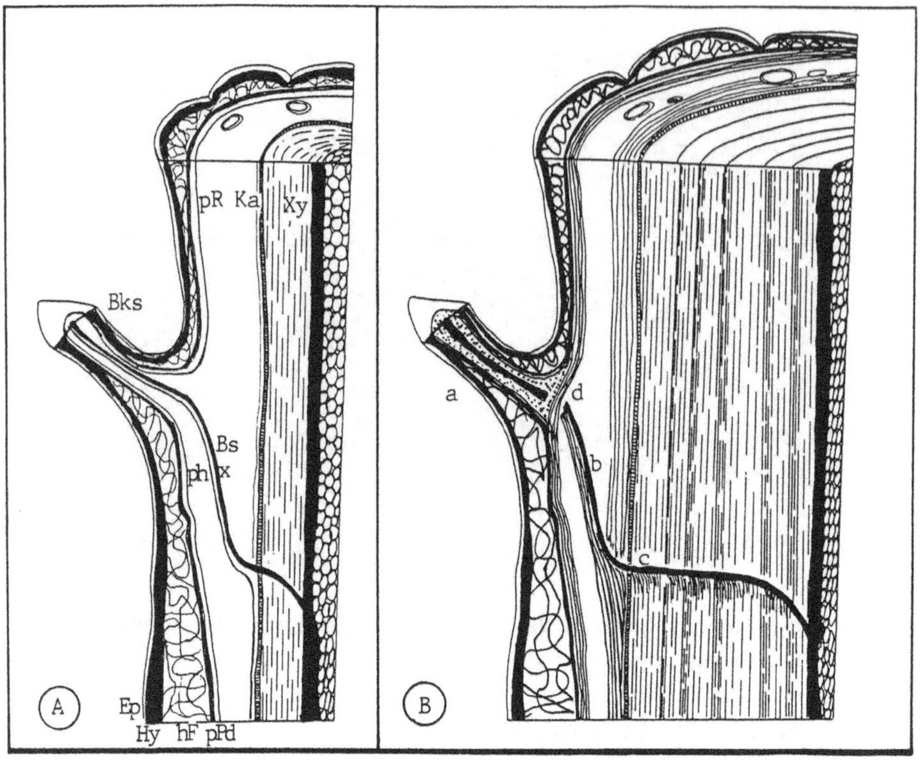

Abb. 5: Mögliche Orte einer Blockade der Wasserzufuhr im Blattspurbereich
a) Bräunung der Blattspur und der Parenchymzellen im Schaft des Blattkissens,
b) Bräunung der Blattspur in der primären Rinde,
c) Anschlußstelle der Blattspur im Kambiumbereich,
d) Abtrennung des Blattkissenschaftes durch das sekundäre Abgliederungsperiderm (sPd)
A = einjähriges Triebstück, B = sechsjähriges Triebstück mit abgegliedertem Schaft
Bks = Schaft des Blattkissens, Bs = Blattspur, Ep = Epidermis, Hy = Hypodermis, hF = hypodermales Füllgewebe, Ka = Kambium, pPd = primäres Periderm, ph = Phloem der Blattspur, Xy = Xylem, x = Xylem der Blattspur

Fig. 5: *possible locations of a blockage of water supply within the region of the leaf trace*
a) browning of the leaf trace and parenchyma cells inside the shaft of the needle cushion,
b) browning of the leaf trace inside the cortex,
c) connection point of the leaf trace at the region of the cushion,
d) abscission of the cushion by a secondary periderm
A) one year old shoot
B) six years old shoot with detached shaft of the cushion

Dieser Untersuchung lag die Vorstellung zugrunde, daß die Fichte über den jährlichen Anschluß der Blattspuren an das Holz einen Regulationsmechanismus besitzen könnte, womit die Lebensdauer der Nadel physiologisch gesteuert werden könnte, indem zum Beispiel ineffektiv gewordene Nadeln an den neuen Holzjahresring nicht mehr angeschlossen werden würden. Daher wurden anatomische Untersuchungen im Anschlußbereich der Blattspuren an das Holz sowohl an älteren entnadelten, als auch an jüngeren, benadelten Jahrestrieben von Zweigen zweiter Ordnung durchgeführt.

Mit diesem Thema hatten sich bereits *Markfeldt* (1885), *Tison* (1902), *Elliott* (1935) und *Kestel* (1961) befaßt. Allerdings wurde das Verhalten der Phloemelemente in der Blattspur bisher noch nicht berücksichtigt.

3.1.1.5.2.1. Der primäre Aufbau des Jahrestriebes

Die Anatomie des Jahrestriebes am Ende einer Vegetationsperiode läßt sich wie folgt beschreiben (**Abb. 6**: hier als zweijähriges Triebstück dargestellt):
Das Innere des Triebes wird durch differenziertes Markgewebe gebildet, das von einem Mantel aus Ring- und Schraubentracheiden eingeschlossen wird. Dieses **primäre Xylem** (s. *Esau*, 1969), das schon von *Schacht* (1853) als Markscheide bezeichnet wurde, stellt die zusammenlaufenden Blattspurtracheiden dar, und ist somit die direkte Verlängerung der Blattspuren aller Nadeln eines Triebes. Die Markscheide ist aber nicht völlig geschlossen, sondern jeweils über den Auszweigungsstellen der Blattspuren durch die Blattlücken (s. *Eames and MacDaniels*, 1947; *Esau*, 1969) unterbrochen. Diese Blattlücken sind mit teilungsfähigem Markgewebe ausgefüllt.

Solange das Streckungswachstum andauert, sind im Streckungsbereich des Triebes nur die Ringtracheiden der Markscheide auffindbar, da sich ja nur derart texturierte Zellen dem Streckungswachstum anpassen können.

Die bei der Verholzung akropetal erfolgende Verfestigung des jungen elastischen Triebes zeigt an, daß sich die aus dem Achsenkambium abgegliederten Achsen-

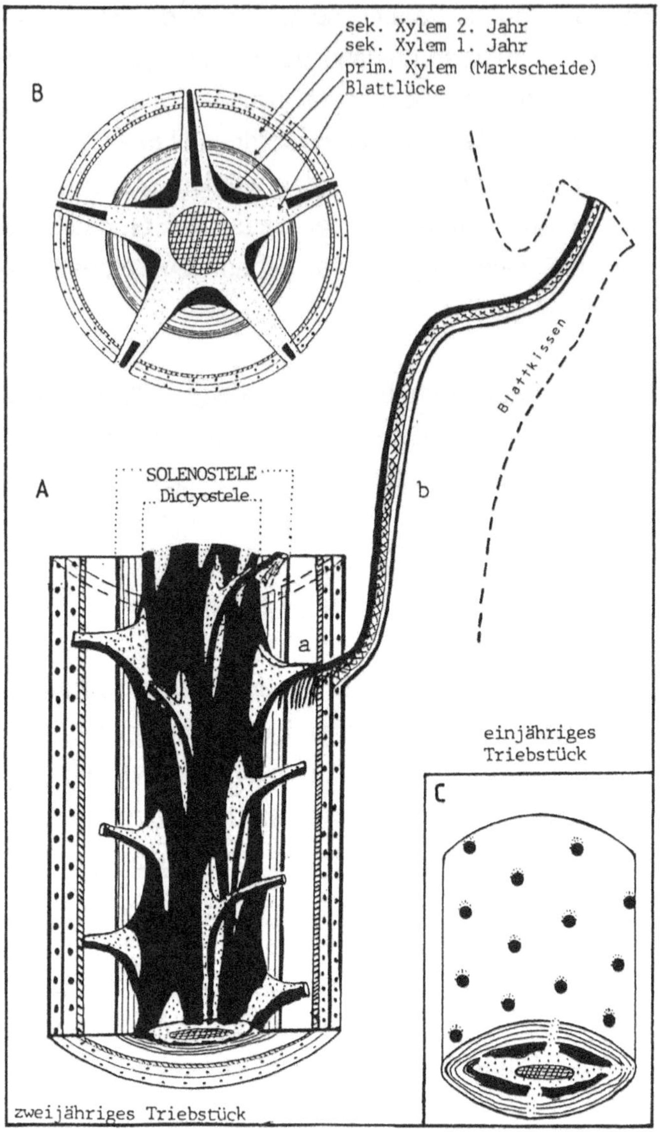

Abb. 6: Blattspursystem des Fichtentriebes

A = räumliche Darstellung, B = ebenenprojiziertesQuerschnittsprofil, C = Solenostele mit eingebetteter Dictyostele

a = horizontal verlaufende Blattspur, b = vertikal verlaufende Blattspur

Fig. 6: Leaf trace system of the spruce's shoot

tracheiden differenzieren. Diese bilden den Holzmantel des ersten Jahresringes (**sekundäres Xylem**), der Markzylinder und -scheide einhüllt. Die Tracheiden des sekundären Xylems unterscheiden sich von den Blattspurtracheiden deutlich durch die fehlende Ring- und Schraubentextur. Es ist daher auch zweckmäßig zwischen dem Achsenkambium und dem Blattspurkambium zu unterscheiden.

Da die Markscheide die direkte Wasserleitung zu den Nadeln ist, kann der sekundäre Xylemring nur die Aufgabe haben, die Versorgungsbahnen zu den Knospen des einjährigen Triebes zu bilden. Der sekundäre Xylemring ist somit das Wasserleitungssystem der Nadeln der im darauffolgenden Jahr sich entwickelnden Triebe. Dies bedeutet, daß die Markscheide jeweils am sekundären Xylemring des letztjährigen Triebes angeschlossen ist. Die Blattspur ist neben den parenchymatischen Markstrahlzellen aus dem Blattspurkambium, -xylem und -phloem zusammengesetzt.

Noch im Streckungsjahr des Triebes bildet sich das Periderm, das die primäre Rinde einhüllt, aber bereits die aus dem hypodermalen Füllgewebe, der Hypodermis und Epidermis bestehenden Blattkissen (s. ABB. 5A) abstößt . Der Blattkissenschaft selbst wird aber erst später durch das schon erwähnte Abgliederungsperiderm abgetrennt (s. Kapitel 3.1.1.5.1.).

Nach der Einteilung der Stelentypen (s. *Barthelmess, 1935; Esau, 1969; Strasburger, 1985*) stellen das zentrale Markgewebe und die durch große Blattlücken durchbrochene Markscheide eine Dictyostele dar. Diese wird von dem stammeigenen sekundären Xylemmantel des ersten Holzjahresrings eingeschlossen, welcher von den Blattspuren und kleinen Blattlücken nach den Regeln der Phyllotaxis (s. *Gruber*, 1986) unterbrochen wird. Nach *Kestel (1961*) kann dieser sekundäre Holzmantel auch als Solenostele aufgefaßt werden. Folglich bestünde die Stele des einjährigen Triebes aus einer in einer Solenostele eingebetteten Dictyostele (ABB. 6). Die Dictyostele stellt somit die Versorgungsbahnen der Nadel, die Solenostele dagegen die der Knospen am einjährigen Trieb her.

Damit durchläuft das zu einer Nadel führende Wasser zwei verschiedene Leitbahnsysteme, nämlich die vom Achsenkambium abgeleitete Solenostele und diddaran anschließenden, die Dictyostele bildenden Blattspuren.

3.1.1.5.2.2. Das Verhalten der Blattspur während des sekundären Dickenwachstums

Durch das sekundäre Dickenwachstum wird zwischen dem ersten Holzjahresring und der rindenläufigen Blattspur neues Gewebe produziert. Dadurch wird der in der Rinde des Triebes vertikal verlaufende Teil der Blattspur mehr und mehr in zentrifugaler Richtung abgedrängt. In Kambiumnähe gerät dabei der mehr oder weniger horizontal verlaufende Teil der Blattspur unter Zugspannung, deren Höhe vom Radialzuwachs des jeweils neuen Holzjahresringes abhängt. Fällt dieser klein aus, so werden die alten Blattspurtracheiden nur gedehnt. Bei größerem Zuwachs jedoch wird die alte Spur im Kambiumbereich zerrissen (Foto 15). Ein solches Zerreißen kann nur an kräftig wachsenden Achsen regelmäßig auftreten, wie zum Beispiel an Stamm- und Hauptastachsen. An schwächeren Achsen, an denen die Masse der Nadeln sitzt, findet dies aber nicht regelmäßig statt. Daraus ist schon ersichtlich, daß ein vorzeitiger Nadelfall infolge eines Zerreißens der Blattspur beim Dickenwachstum allenfalls eine untergeordnete Rolle spielen kann.

Der Neuanschluß der Blattspur an den jüngeren Holzjahresring wird durch die Zusammenführung von Blattspur- und Achsenkambium ermöglicht. Nach *Markfeldt* (1885) soll das Blattspurkambium nahtlos in das Kambium des Holzzylinders übergehen. Dies entspricht nicht ganz den Tatsachen, da ja beide Kambien unterschiedliche Differenzierungsprodukte erzeugen.

In der Fichtennadel findet bekanntlich kein bzw. kein nennenswertes sekundäres Dickenwachstum statt (*Elliott*, 1937). Doch nach den eigenen mikroskopischen Befunden wird die rindenläufige Blattspur zum Holzzylinder hin stärker und zeigt am Anschluß zur Achse eine jahresweise Gliederung. Dies wird besonders an der Schichtung des Phloems deutlich. Solange die Nadel intakt ist, paßt sich also die Blattspur dem Dickenwachstum der Achse an, wobei allerdings das Dickenwachstum der Blattspur zur Nadel hin kontinuierlich abnimmt.

Auf der abaxialen Seite des Blattspurxylems im Anschlußbereich an das Holz treffen die beiden Kambien aufeinander. Dabei biegt das Blattspurkambium in Richtung auf das Achsenkambium so um, daß sich die Endstränge beider Kambien

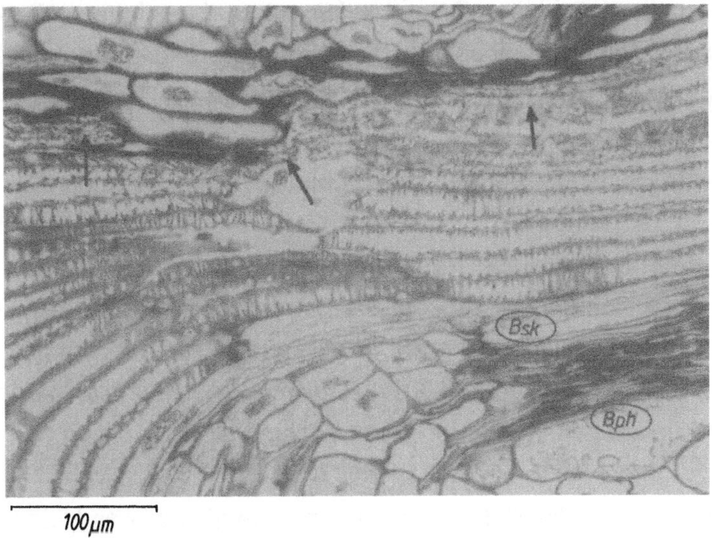

Foto 15: Längsschnitt durch die Blattspur im Bereich des Anschlusses an das Holz: Die älteren Blattspurtracheiden sind gedehnt und zum Teil zerrissen (Pfeile). In die Lücken schieben sich Parenchymzellen (Bsk = Blattspurkambium; Bph = Blattspurphloem)

Photo 15: Longitudinal section through the leaf trace in the region of connection to the axial xylem: The older tracheids of the leaf trace are streched and partially torn (arrows). Parenchyma cells grow into the gaps (Bsk = cambium of the leaf trace, Bph = phloem of the leaf trace).

etwas überlappen. Die in ihrer Anzahl aufeinander abgestimmten Derivate beiden Kambien sind dann nach Abschluß der Differenzierung so ineinander vernetzt, daß ein direkter Wassertransport über die Hoftüpfel gewährleistet ist.

Am Austritt der Blattspur aus dem Holzmantel behalten die auch der Blattspur als elastisches Lager dienenden Blattlückenzellen ihren meristematischen Charakter und bilden tiefer in der Rinde **Phloemmarkstrahlparenchymzellen** (FOTOS 16A, B). Im Holz differenzieren sich dagegen **Holzstrahlparenchymzellen**, welche durch dicke Sekundärwände und viele große Poren ausgezeichnet sind (FOTO 16B). Diese Zellen werden von *Markfeldt* (1885) *Begleitzellen* (Holzstrahlparenchym) bzw. *Füllzellen* (Phloemmarkstrahlparenchym) bezeichnet.

Im Längsschnitt durch die Blattspur im Anschlußbereich an das Holz treten auf der abaxialen Seite zwischen Phloem und Blattspurtracheiden meist auffällige parenchymatische Zellenkomplexe in den Vordergrund (FOTO 17). Dabei handelt es sich um die Markstrahlparenchymzellen der Blattspur (s. auch FOTO 18), die im Biege- und Anschlußbereich vermehrt auftreten.

In der FOTOGRAFIE 19 ist aufgezeigt, wie sich die Phloembahnen der Blattspur mit den Phloembahnen der Achse nahtlos aneinanderfügen.

Elliott (1937) stellte an Koniferennadeln fest, daß Phloem nur zwei oder drei Jahre lang gebildet wird. Er betrachtet daher ältere Nadeln als "inaktive Überlebende", die für die Stoffwechselvorgänge der Pflanze keine Rolle mehr spielen. Dies darf jedoch nicht verallgemeinert werden, da auch noch ältere Nadeln intaktes und damit aktives Phloem besitzen können. *Ewers* (1982) gibt zum Beispiel für die Siebzellen von *PINUS LONGAEVA* eine Funktionsdauer zwischen 3,8 und 6.5 Jahre an.

Zusammenfassend kann festgestellt werden, daß die Lebensdauer der Fichtennadel in der Regel nicht direkt über den Anschlußmechanismus der Blattspur reguliert wird. Indirekt kann aber insofern ein Zusammenhang bestehen, so daß die Nadeln bei geringem oder gar fehlendem Dickenwachstum nur an den älteren Versorgungsbahnen Anschluß haben und deswegen im Wettbewerb um das Wasser und die Nährstoffe jüngeren Nadeln und Zweigen unterliegen müssen.

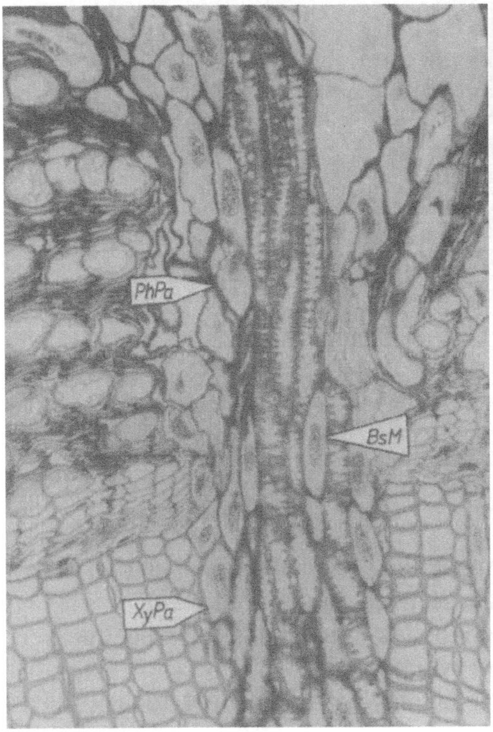

100 µm a

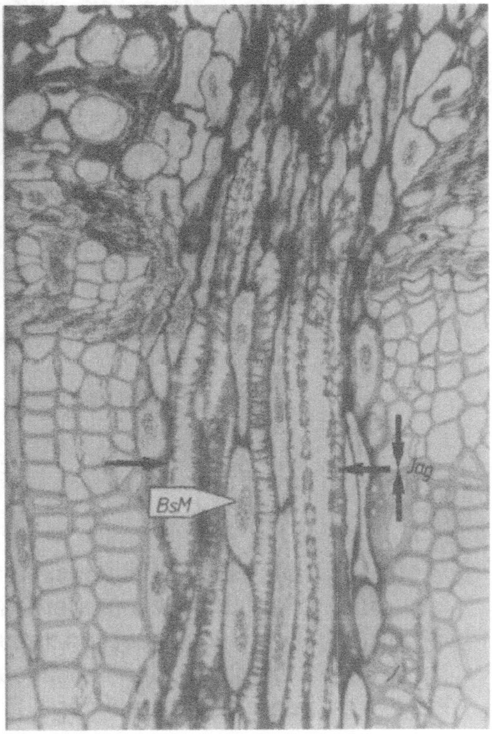

100 µm b

Foto 16a: Achsenquerschnitt durch die Blattspur
(BsM = Blattspurmarkstrahlzellen, PhPa = Phloemmarkstrahlzellen, XyPa = Xylommarkstrahlzellen)

Photo 16a: Axial cross section through the leaf trace
(BsM = pith ray cells of the needle trace, PhPa = pith ray cells of the phloem, XyPa = pith ray cells of the Xylem)

Foto 16b: Achsenquerschnitt durch die Blattspur
(BsM = Blattspurmarkstrahlzellen, Jag = Jahresringgrenze)

Photo 16b: Axial cross section through the leaf trace
(Bsm = parenchymatous pith ray cells of the leaf trace, Jag = boundary of annual ring)

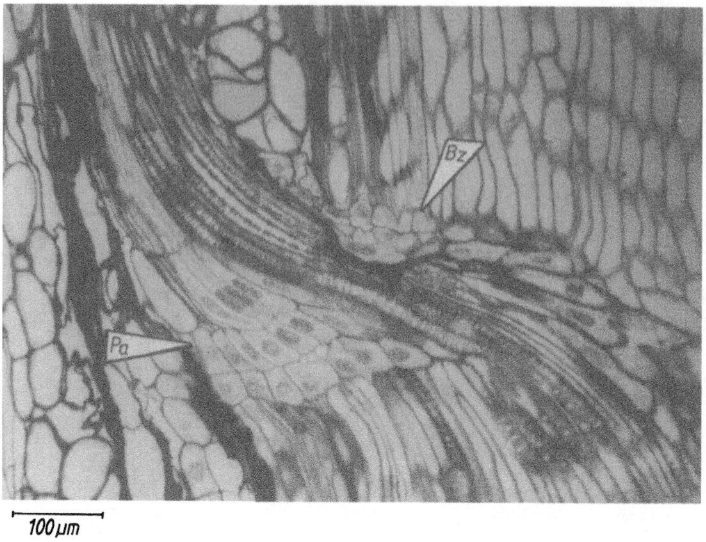

Foto 17: Längsschnitt durch die Blattspur im Anschlußbereich an das Holz (Bz = Blattlückenzellen, Pa = Blattspurmarkstrahlzellen)

Photo 17: Longitudinal section through the leaf trace in the region of the connection to the secondary xylem
(Bz = cells of leaf gaps, Pa = pith ray cells of the leaf trace)

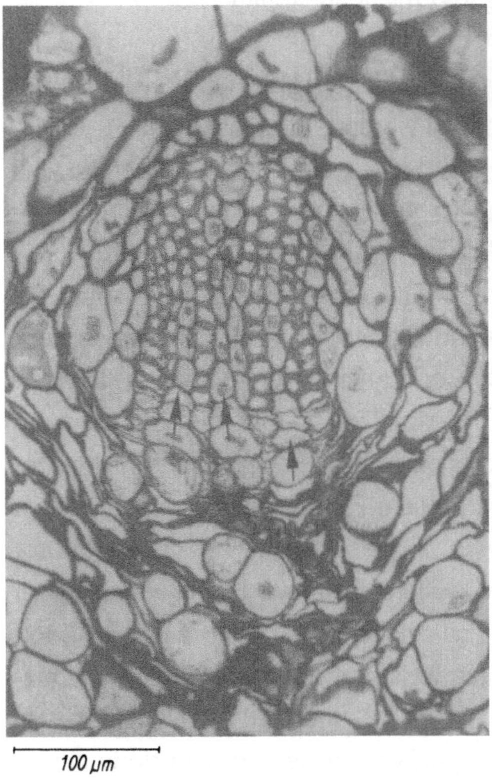

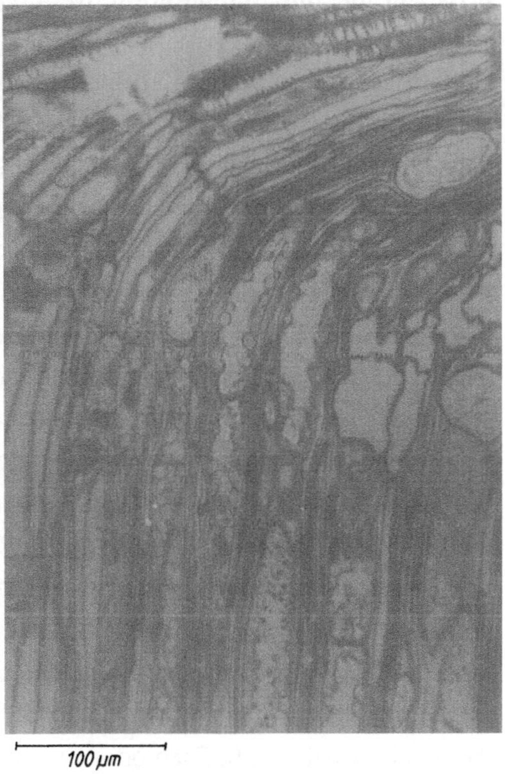

Foto 18: Querschnitt durch die Blattspur in der Nähe im Anschluß an das Holz. Die Blattspur ist mit mehreren Reihen parenchymatischer Zellen durchzogen (Pfeile)

Photo 18: Cross section through the leaf trace in the region of the connection with secondary xylem. The leaf trace has several rows of parachymatic cells (arrows).

Foto 19: Verlauf der Phloemleitelemente im Anschlußbereich der Blattspur an das sekundäre Phloem. Die Leitelemente der Nadelspur sind nahtlos an die Leitelemente der Achse angeschlossen.

Photo 19: Course of the leaf trace's phloem elements in the region of the connection to the secondary axial phloem. The elements are seemless connected with the corresponding elements of the axis.

3.1.2 Der mechanisch bedingte Nadelverlust (nicht apparativ)

Nadeln, die nicht über den Trennzonenmechanismus abfallen, können durch mechanische Einwirkungen zur Ablösung gebracht werden. Die Masse derartiger Nadelverluste bilden lebende Nadeln, die entweder einzeln oder mit Zweigen und Ästen aus der Krone gerissen werden (ABB. 2A, C). Einzelne, nichtapparativ abgelöste Nadeln sind daran zu erkennen, daß sie an ihren Basen ein mehr oder weniger großes Rindenstück (Blattkissenrest) aufweisen (ABB. 2A). Vor allem bei starkem Wind, Sturm und Eisanhang werden die Nadeln auf diese Weise sehr leicht von den gegeneinander peitschenden und aneinander reibenden Zweigen ineinander greifender Kronen abgerissen. Besonders betroffen davon sind die Kammfichten an aufgerissenen Bestandesrändern. Zum Beispiel verursachte gegenseitiges Abpeitschen der Zweigenden in einem Fichtenbestand einen Verlust von 20 % der Benadelung (*Zentgraf*, 1942). Hagelschlag kann sich wegen der hohen Zweig- und Nadelverluste auf das weitere Baumwachstum katastrophal auswirken. *Pechmann* (1958) gibt allerdings an, daß erst ein Nadelverlust von mehr als 70 % für eine Fichte letal sei. Dies weist auf die große Regenerationskraft der Fichtenkrone hin (vergl. Kapitel 3.3.1., 3.3.2. und 4.4.) Auf Nadelverluste, die durch Insektenfraß, Pilze oder Eisanhang entstehen, sei nur am Rande hingewiesen.

3.2. Die Quantität und Dynamik des Streu- und Nadelfalls

Die quantitative Erfassung und das Verfolgen des Streufalls ist interessant, weil damit unter anderem Aussagen über die Vitalität und Ertragsfähigkeit eines Bestandes und über Störungen im Bestandeswachstum gemacht werden können. Die Zusammensetzung der Streu kann Hinweise auf Ursachen des Streufalls geben. Dabei verraten Rhythmik und Dynamik des Streufalls, wie bedeutsam der Einfluß der Witterungsverhältnisse ist.

Die **Streu** eines Fichtenbestandes setzt sich aus der Nadelstreu und der Reststreu zusammen:

A) **Die Nadelstreu** besteht aus braunen, gelben und grünen Nadeln; fahlgrünen, vertrockneten Nadeln und glänzend grünen, turgeszenten Nadeln; lebenden und toten Nadeln; Nadeln mit und ohne Blattkissenreste; Nadelfragmenten.

B) **Die Reststreu** setzt sich aus
a) lebenden Triebstücken mit lebenden Nadeln,
b) abgestorbenen entnadelten Trieb- und Zweigstücken,
c) Blattkissenresten, Peridermschuppen, Zapfenteilen, Samenteilen, Blütenteilen, Knospenschuppen und Knospen, Harzkugeln, Gallen und Insekten zusammen.

In der ABBILDUNG 7 sind die Dynamik und Daten des Streufalls in einem Fichtenaltbestand (Abteilung 312a, Forstamt Paderborn) über das Winterhalbjahr 1984/85 dargestellt. Des weiteren ist der Nadelfall von Juli 1986 bis Mitte September 1987 in einem Fichtenaltbestand (Abteilung 83a, Forstamt Witzenhausen) in den ABBILDUNGEN 8 UND 9 sowie der TABELLE 3 aufgezeigt. Dabei wurde die Streu bzw. die Nadelmasse auf die durchschnittliche tägliche Fallmasse (kg pro Tag und ha) berechnet.

Untersuchungen über die Fichtenstreu wurden schon von *Dietrich* (1963, 1967) und *Reemtsma* (1964) durchgeführt.

Aus ABBILDUNG 7 geht hervor, daß während der Wintermonate Dezember bis März die heruntergefallene Nadelmasse sehr gering war, was auf den hemmenden Einfluß niedriger Temperaturen hinweist. Ende November war die Streumasse infolge des vorangegangenen Sturmes sehr hoch. Dementsprechend hoch waren auch die Anteile an lebenden Zweigen und grünen Nadeln mit Blattkissenresten (Nadelabfalltypen a und c der ABBILDUNG 2). Mit Frühjahrsbeginn stieg die Streumasse sprunghaft an, weil durch die höhere Temperatur und den Einfluß der Frühjahrsstürme die bis dahin in der Krone angesammelte und abgelebte Nadelmasse zum Abfallen gebracht wurde. Ein kumulativer Nadelfall zum Winterausklang ist im bestimmten Rahmen also immer die bloße Folge der physikalischen Natur des Nadelseparationsapparates.

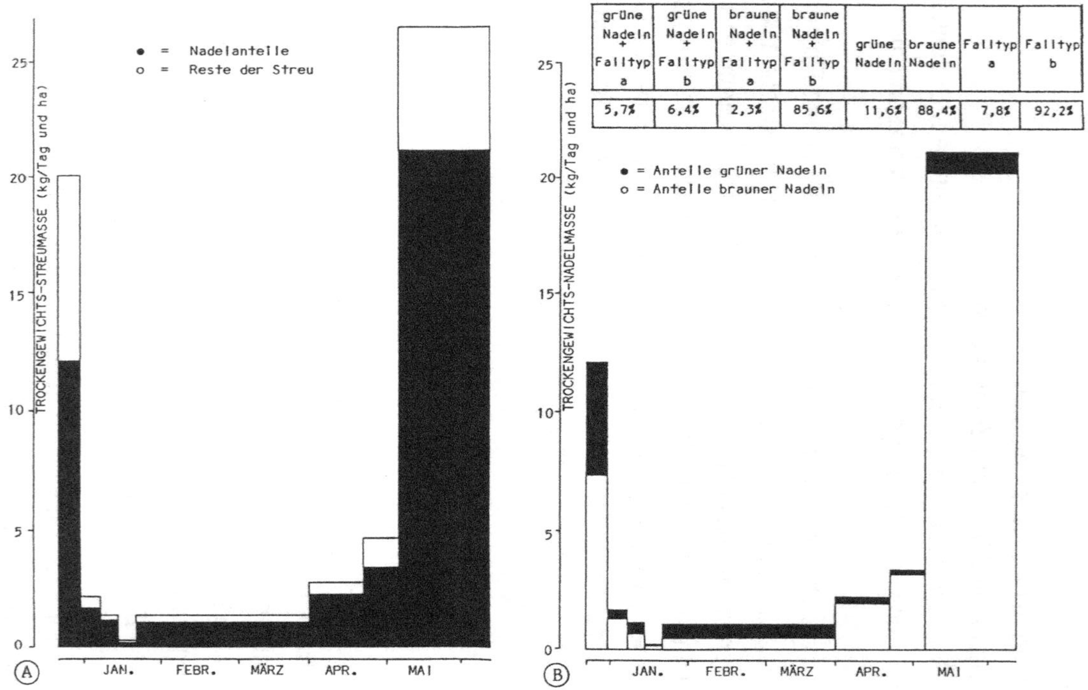

Abb. 7: Dynamik des Streufalls (A) und Nadelfalls (B) in einem Fichtenaltbestand (Abt.312, Forstamt Paderborn)

Fig. 7: *Dynamics of litter fall (A) and needle fall (B) in an old spruce stand (Sect. 312, forest office Paderborn)*

Bei der Aufbewahrung von Trieben und Zweigen im Kühlraum fiel auf, daß niedrige Temperaturen den Nadelfall verzögern. Dies ist auch jedesmal an im Herbst gefällten Fichten zu beobachten, an deren Zweigen die Nadeln meist noch im Frühjahr fest haften. Je länger also niedrige Temperaturen andauern, desto träger arbeitet das Schrumpfungsgewebe, und desto weniger Nadeln können abfallen. Das gleiche bewirkt hohe Luftfeuchtigkeit. Sonne und Wind hingegen beschleunigen das Abfallen von Nadeln.

In der ABBILDUNG 7B ist die abgefallene Nadelmasse nach Typ und Farbe aufgeschlüsselt.

In den ABBILDUNGEN 8 UND 9 und der TABELLE 3 ist die Dynamik des Nadelfalls in einem Fichtenaltbestand (Abteilung 83a, Forstamt Witzenhausen) von Ende Juni 1986 bis Mitte September 1987 aufgezeigt. Die ABBILDUNG 8 macht deutlich, daß sich Nadelfallmaxima im Herbst (Oktober), am Ende des Winters und im Frühjahr ereignet hatten. Auch im Juli (erste Julihälfte) hat ein verstärkter Nadelfall mit hohem Anteil an grünen, apparativ abgelösten Nadeln stattgefunden. In der ABBILDUNG 9 sind die prozentualen Anteile grün bzw. braun abgefallener Nadeln sowie die der nicht apparativ bzw. apparativ abgelösten Nadeln im Jahresverlauf dargestellt. Aus der TABELLE 3 geht hervor, daß im Untersuchungszeitraum 13 % der Nadeln nicht apparativ, 87 % apparativ, 26 % grün und 74 % braun abgefallen sind. Die Nadelmasse betrug 84 % der Gesamtstreu. In einem Jahr (23. 6. 1986 bis 1. 7. 1987) sind bezogen auf einen Hektar 3,93 Tonnen Gesamtstreu bzw. 3,229 Tonnen Nadeln (Trockengewicht) abgefallen.

Tab. 3: Daten über den Streu- und Nadelfall in einem Fichten-Altbestand (Abt. 83a, Forstamt, Witzenhausen

***Tab. 3:** Data of litter- and needle fall in an old spruce stand*

1 = Nadelmasse in kg (Trockengewicht) pro ha, 2 = Nadelmasse in kg pro Tag und ha,
3 = Streumasse in kg pro ha, 4 = Streumasse in kg pro Tag und ha,
5 = %-Anteile nichtapparativer Nadelverluste, 6 = %-Anteile apparativ abgefallener Nadeln,
7 = %-Anteile grün abgefallener Nadeln, 8 = %-Anteile braun abgefallener Nadeln,
9 = %-Anteile Sonnennadeln, 10 = %-Anteile Schattennadeln
11 = %-Anteile der Nadelmasse an der gesamten Streumasse,
12 = **Anzahl der Tage zwischen den Entleerungen der Streufänge**

Datum	1	2	3	4	5	6	7	8	9	10	11	12
23. 06.												
30. 06.	41,84	5,22	74,70	9,34	1,4	98,6	30,1	69,9	64,2	35,8	56	7
07. 07.	52,76	7,54	67,10	9,59	2,7	97,3	5,6	94,4	66,8	33,2	79	7
14. 07.	29,83	4,26	34,54	4,93	3,6	96,4	17,3	82,7	61,4	38,6	86	7
21. 07.	14,51	2,07	17,99	2,57	8,1	91,9	28,3	71,7	67,6	32,4	81	7
28. 07.	29,46	4,21	35,49	5,07	9,4	90,6	10,4	89,6	65,9	34,1	83	7
04. 08.	19,46	2,78	24,13	3,45	9,8	90,2	48,0	52,0	69,0	31,0	81	7
11. 08.	19,53	2,79	22,18	3,17	4,4	95,6	43,6	56,4	64,9	35,1	88	7
18. 08.	14,07	2,01	19,03	2,72	23,2	76,8	12,1	87,9	75,8	24,2	74	7
25. 08.	8,07	1,15	11,51	1,64	8,8	91,2	39,6	60,4	66,4	33,6	70	7
01. 09.	19,69	2,81	30,22	4,32	24,5	75,5	30,3	69,7	76,3	23,7	65	7
08. 09.	4,90	0,70	5,33	0,76	36,0	64,0	52,6	47,4	51,5	48,5	92	7
15. 09.	10,51	1,50	12,52	1,79	17,2	82,8	31,7	68,3	81,4	18,6	84	7
02. 10.	31,25	1,84	35,13	2,07	1,2	98,8	16,4	83,6	74,3	25,7	89	17
19. 10.	660,86	38,87	671,70	39,51	1,2	98,8	6,9	93,7	82,5	17,4	98	17
29. 10.	225,04	22,50	306,41	30,64	5,2	94,8	9,1	90,9	74,9	25,1	75	10
12. 11.	72,26	5,16	83,91	5,99	11,1	88,9	14,0	86,0	74,3	25,7	86	14
15. 02.	151,00	1,96	201,17	2,61	6,1	93,9	7,2	92,8	--	--	75	95
07. 04.	503,12	9,86	955,07	18,73	55,1	44,9	60,2	39,8	--	--	53	51
23. 05.	1088,37	23,66	1155,52	25,12	1,9	98,1	28,6	71,4	--	--	94	46
03. 06.	69,57	6,32	91,12	8,28	0,1	99,9	44,0	56,0	--	--	76	11
15. 06.	106,32	8,86	183,36	15,28	43,5	56,5	50,8	49,2	--	--	58	12
01. 07.	63,28	3,96	74,60	4,66	1,2	98,8	47,8	52,2	--	--	85	16
13. 07.	330,82	27,57	335,1	27,93	0,4	99,6	51,2	48,8	--	--	99	12
21. 07.	119,27	14,90	124,23	15,54	--	--	--	--	--	--	96	7
16. 09.	139,80	2,45	177,50	3,11	--	--	15,4	84,6	--	--	79	26
Summe	3817,47	(9,1)	4566,06	(10,9)	--	--	--	--	--	--	--	--
Ø %	83,6	--	100	--	13	87	26	74	77,2	22,8	84	--

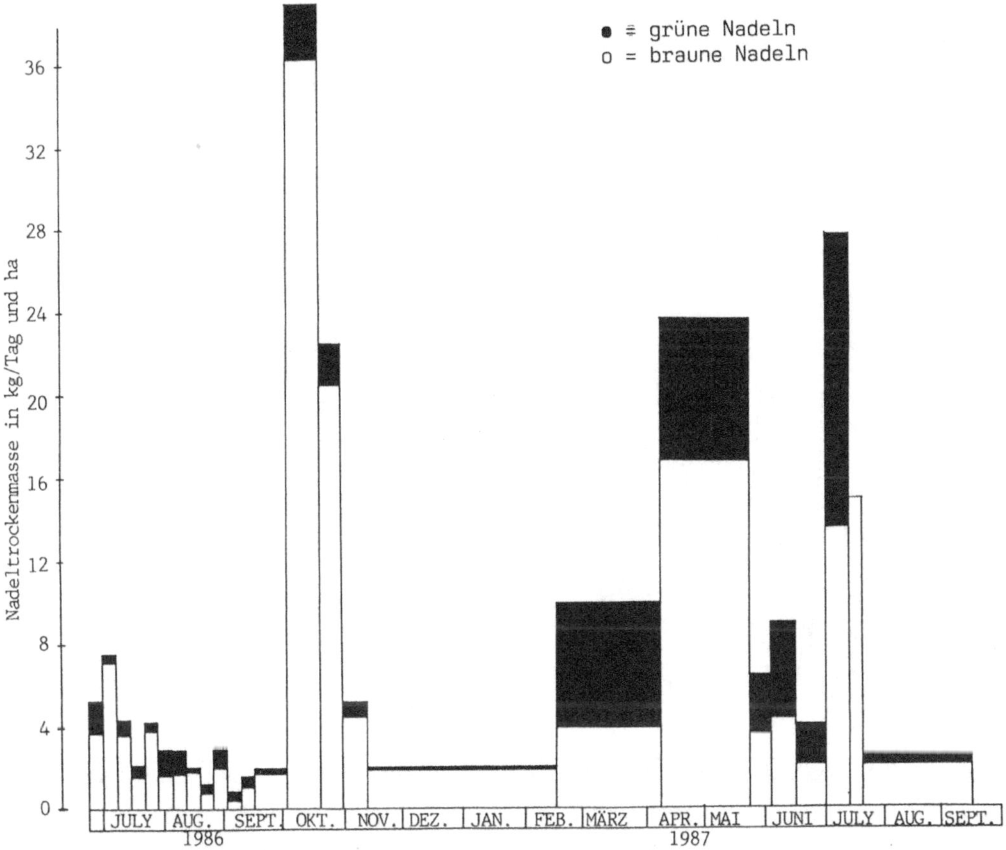

Abb. 8: Dynamik des Nadelfalls in einem Fichtenaltbestand (Abteilung 83a, Forstamt Witzenhausen)

Fig. 8: *Dynamics of needle fall in an old spruce stand (section 83, forest office Witzenhausen)*

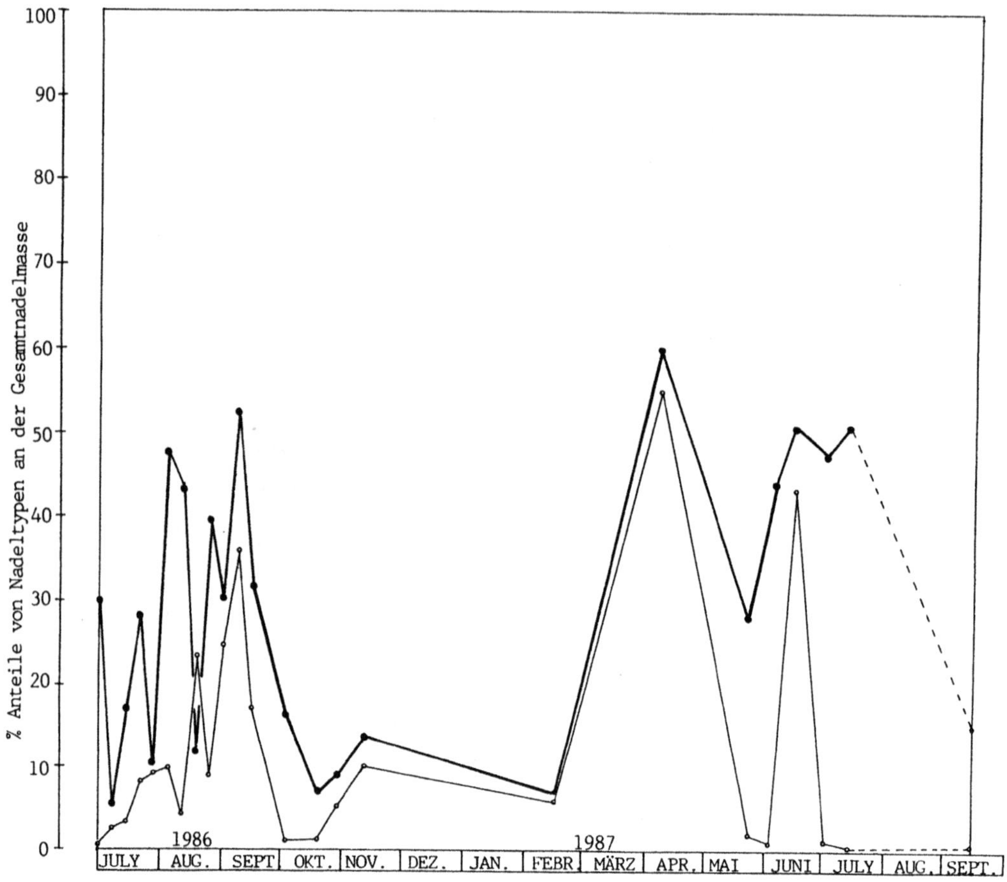

Abb. 9: Prozentuale Anteile grün abgefallener (•) und nicht über die Trennzone abgelöster Nadeln (o) im Jahresverlauf

Anmerkung: Da der Anteil mechanisch abgelöster brauner Nadeln gering ist, gibt die Differenz von jeweils zwei übereinander liegenden Kurvenpunkten annähernd die Anteile der über das Trenngewebe abgefallenen grünen Nadeln an.

Fig 9: *Percentage of green detached (•) and via abscission zone fallen needles (o) during a whole year*

3.3. Die Benadelung der Fichtenkrone

3.3.1. Verzweigung und Benadelung

Um die Benadelung der Fichtenaltkrone zu verstehen, muß auf ihre Verzweigung und Kronenplastizität eingegangen werden.

Da unsere Bäume unbeweglich und fest an den Standort gebunden sind, müssen sie im hohen Maße plastisch sein. Die ***Plastizität der Fichtenkrone*** wird neben den genetisch bedingten Unterschieden wesentlich durch zwei Prozesse ermöglicht, nämlich durch

1) die Veränderungen der Differenzierungsvorgänge von Nadeln und Trieben die Ontogenese hindurch,
2) die Dynamik in der Benadelung und Entnadelung, sowie im Verlust und der Regenertation von Trieben und Nadeln.

Bezüglich der Differenzierung von Nadeln und Trieben durchläuft die Fichte prinzipiell 3 Arten und Phasen der Triebbildung während eines Baumlebens. Dies sind die ***vorzeitige (proleptische:*** s. Gruber, *1986, 1989a*), die ***reguläre*** und die ***verspätete oder nachzeitige (proventive***) Triebbildung (**ABB.10**). Sie unterscheiden sich morphogenetisch voneinander in der***Zeitdauer*** (***Phyllochron***), die zwischen der Anlage der Primordien und ihrer Differenzierung liegt. Diese Zeitdauer nimmt ganz gesetzmäßig mit fortschreitender Ontogenese zu, d. h. mit wachsender Transportentfernung zwischen den Wurzel- und Sproßmeristemen. Sie kann über die Umweltbedingungen modifiziert werden und ist außerdem von der Stellung der Meristeme ***(Topographie***) in der Krone abhängig. Parallel dazu verändert sich die Morphologie der Triebe, und zwar von langen *gemischten Trieben,* d. h. aus präformierten und neoformierten Teilen zusammengesetzten Trieben, in der "Jugend" zu kurzen *reinen* (präformierten) Trieben und Proventivknospen "im Alter".

Die ***proleptische Triebbildung*** erscheint nur im frühen ontogenetischen Stadium in der Jugend unter optimalen Wachstumsbedingungen. Der gesamte Jahrestrieb ist ein langer gemischter Trieb, der aus einem präformierten Teil und aus neoformierten Teilen zusammengesetzt ist. Durch die zusätzliche neoformierte (prolepti-

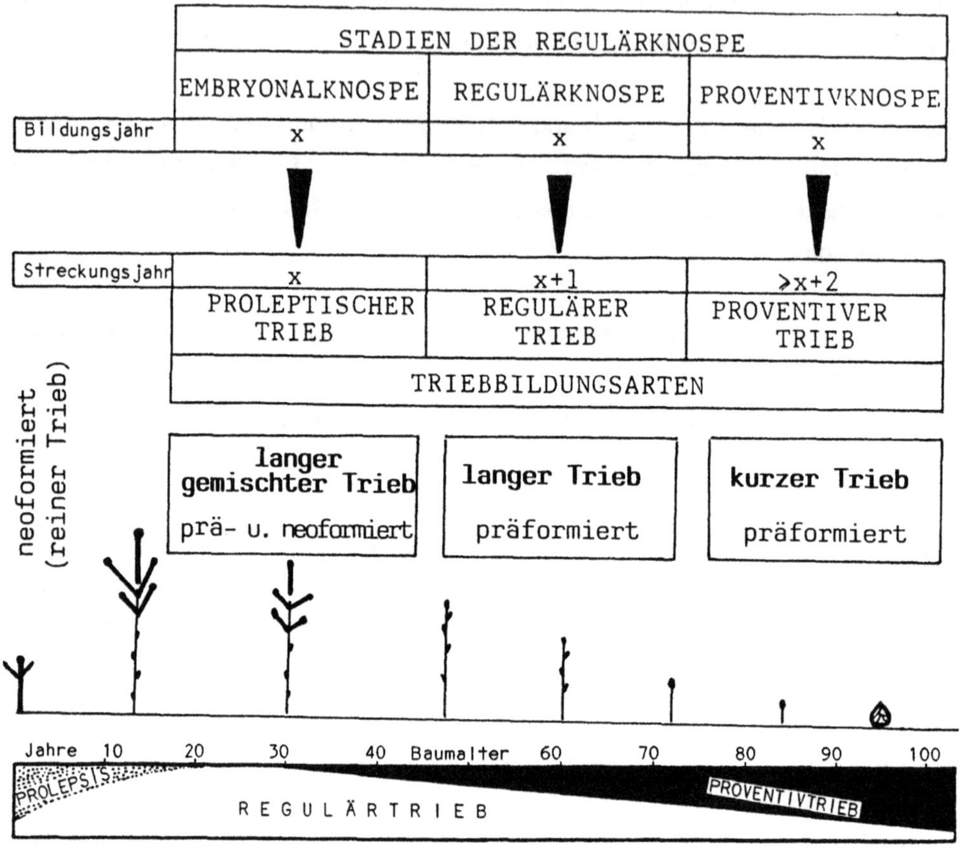

Abb. 10: Arten und Veränderungen (Dynamik) der Triebbildung während der Ontogenese bei der Fichte

Fig. 10: *Modes and changes of shoot formation throughout the life cycle on Norway spruce*

sche) Triebbildung kann der Baum seinen Kronenraum schneller erobern und sich auch schnell regenerieren.

Als Folge des schnellen Wachstums und der zusätzlichen neoformierten Triebbildung kommen häufig an solchen langen gemischten Terminaltrieben auffällige Verkrümmungen und Verbuschungen vor (*Gruber*, 1984, 1986, 1989a).

Die Verzweigung älterer Fichtenkronen erfolgt einerseits über die reguläre oder ***"distal gerichtete"*** (primäre), andererseits über die proventive oder ***"proximal erfolgende"*** (sekundäre) Triebinnovation (*Gruber*, 1985, 1986, 1987a,b; 1988a, b).

Die ***reguläre Triebbildung***, die entweder als langer oder kurzer präformierter Trieb differenziert wird, erfolgt alljährlich aus einjährigen Winterknospen in distal gerichteter und akrotoner Wachstumsweise (**Abb.11**). Damit baut die Fichte allmählich ihr Kronengerüst auf und erobert ihren Kronenraum.

Bei ungestörtem Wachstum bilden an kammförmig verzweigten Ästen die regulären Zweige zweiter Ordnung (S_2-Zweige) längs der S_1-Achse eine regelmäßige Altersserie, die sich in der Silhouette der Krone als ein herabhängendes Dreieck abzeichnet (**Abb. 12a**; **Fotos 21, 23**). Während die jungen Zweige voll benadelt sind, beginnen sich im älteren Teil des Dreiecks die in den meisten Fällen zwischen 10 und 20 Jahre alt werdenden Seitenzweige infolge der begrenzten Lebensdauer der Nadeln und der nachwachsenden Proventivzweige von ihrer Basis her und mit zunehmendem Zweigalter mehr und mehr zu entnadeln. Die älteren Zweige tragen dann nur noch an den jüngsten Jahrestrieben Nadeln oder sind schon vollkommen nadellos. Diese Entnadelung ist ein normaler Prozeß bei der Kronenentwicklung. Das eben beschriebene Verzweigungsdreieck läßt sich zur "***regulären Hauptserie seitlicher Verzweigung***" zusammenfassen (s. **Abb. 12a**).

Mit zunehmendem Baumalter gewinnt die proventive Triebbildung mehr und mehr an Bedeutung. Proventivtriebe sind Wiederholungstriebe (***Reiterationen = Wiederholug des Differenzierungsmusters***, s. *Gruber, 1987; Hallé et al. 1978; Edelin, 1977*) der regulären Verzweigung. Sie entstehen vorwiegend an der Basis der Jahrestriebe aus schlafenden Augen und sind daher das Resultat einer ***ausge-***

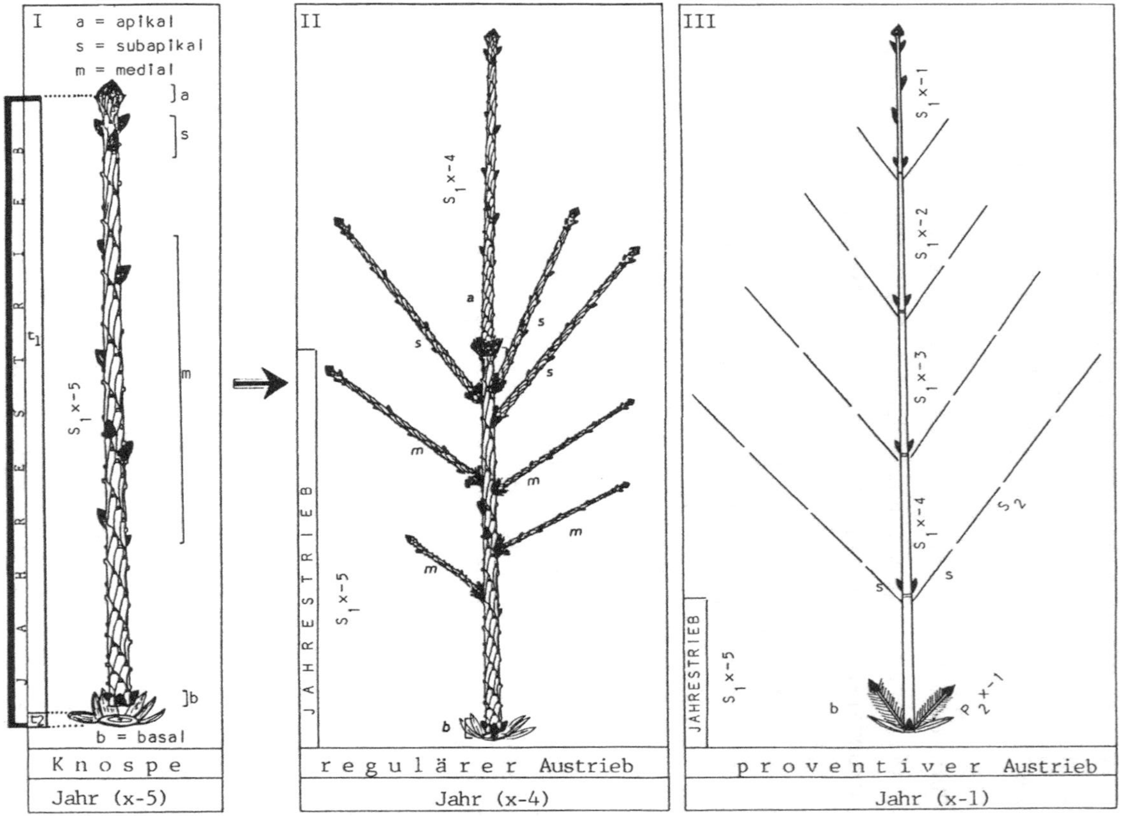

Abb. 11: Schema über die **reguläre** (II) und **proventive** (III) Verzweigung bei der Fichte

Fig. 11: *Diagram showing the branching mode of* ***regular*** *(II) and* ***proventitious*** *(III) shoot formation*

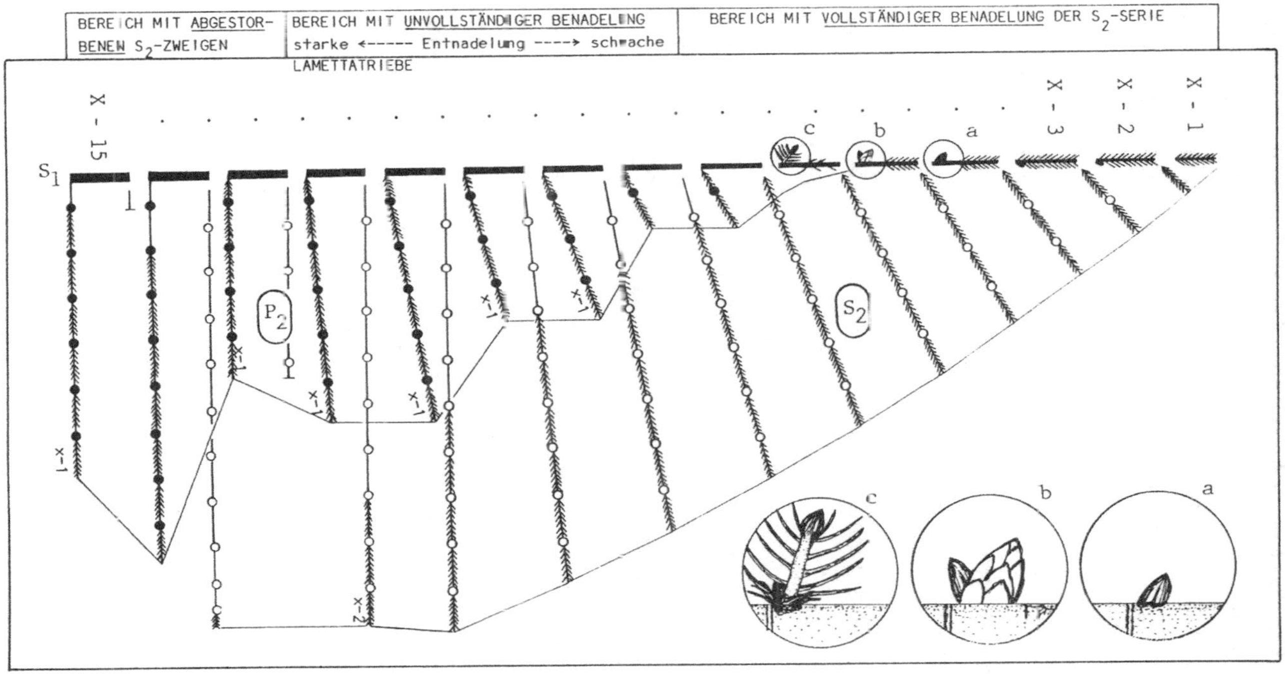

Abb. 12a: Verzweigungsschema eines Astes der Kammfichte durch sukzessive Verzweigungsserien: S_2 = reguläres Verzweigungsdreieck durch reguläre Triebbildung, P_2 = unregelmäßiges Verzweigungsdreieck durch proventive Triebbildung, a = Proventivknospe, b = aktivierte Proventivknospe, c = proventiver Starttrieb

Fig. 12a: *Diagram showing the branching mode in successive branching series of a bough on Norway spruce: S1 = regular branching triangle, P2 = irregular proventitious branching triangle, a = proventitious bud, b = activated proventitious bud, c = proventitious initial shoot*

prägten Akrotonie, die bei vielen verholzten Pflanzen eine große ökologische Bedeutung hat (s. *Gruber*, 1988b). Auf diese Weise können ältere ineffektive und verloren gegangene Zweige durch jüngere effektive ersetzt werden. Diese permanente Substitution erfolgt als "***Verzweigung in sukzessiven Serien***" (**Abb. 12a, 13**), womit die Fichte ihr Kronengerüst ständig mit einem hohen Anteil an effektiver Nadelmasse ausstattet. Das Zurückversetzen der Innovationstriebe zurück auf den Hauptachsen ist ökologisch sehr bedeutungsvoll und kann als "***proximal erfolgende Triebinnovation***" bezeichnet werden.

Die Fichte besitzt ein großes Potential an solchen Reserveknospen. Damit kann sie ihre Krone **regenerieren, exploitativ vergrößern und besonders architektonisch anpassen** (s. *Gruber*, 1987, 1988a, b).

Die Masse der Proventivtriebe ensteht zunächst aus regulär gebildeten, aber verspätet austreibenden Knospen (Proventivknospen, Präventivknospen, schlafende Augen) epiton längs der S_1- und S_2-Achsen. Proventivzweige gleicher Ordnungszahl bilden ebenfalls jeweils eine Verzweigungsserie, wobei die Altersstruktur aber mit zunehmender Ordnungszahl unregelmäßiger wird ("**sukzessive proventive Nebenserien seitlicher Verzweigung**"; s. **Abb. 13; Fotos 20, 21, 22**).

Unter der sukzessiven Serienbildung seitlicher Verzweigung soll die Verzweigung längs einer Achse (direkt an oder in unmittelbarer Nähe der Achse) verstanden werden, wobei die ursprüngliche Verzweigung durch fortlaufende Proventivtriebbildung ergänzt, ersetzt oder wiederholt wird. So sind sukzessive Serienbildungen längs der To-Achse (= Stammachse), wie z. B. bei ***Araucaria*** (Veillon, 1974) oder der Tanne (***Abies alba***) und Douglasie (***Pseudotsuga menziesii***) durch die sogenannte ***Wasserreiserbildung (= proventive Reiterationen am Stamm)***, zu beobachten. Längs der S_1-Achsen (Seitenäste 1. Ordnung) kommen sukzessive Serien seitlicher Verzweigung bei der Fichte, Tanne und Douglasie vor. Bei plattenförmig verzweigten Fichten (**Abb. 12b**), bei der Tanne und der Douglasie können sich auch die S_2-Achsen und teilweise auch die S_3-Achsen in sukzessiven Serien verzweigen, also alle mehr oder weniger horizontal orientierten Achsen.

Foto 20: Orthotrop wachsende Proventivzweige (P_2S_1) auf der Oberseite eines Fichtenastes infolge des Verlustes der Astspitze (Pfeil)

Photo 20: Orthotropically growing proventitious shoots (P_2S_1) on the upper side of a spruce's bough due to the loss of the tip of the bough (arrow).

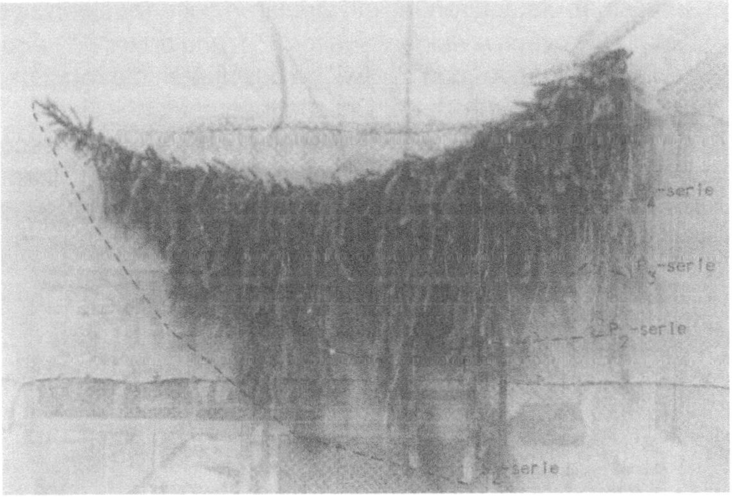

Foto 21: Alterseriendreiecke an einem kammförmig verzweigten Ast (sukzessive Verzweigungsserien). (S_2 = reguläre Hauptserie, P_2 = erste proventive Nebenserie, P_3 = zweite proventive Nebenserie, P_4 = dritte proventive Nebenserie)

Photo 21: Serial triangles on a comb-like branched bough (successive branching series). (S_2 = regular main series, P_2 = first proventitious series, P_3 = second proventitious series, P_4 = third proventitious series)

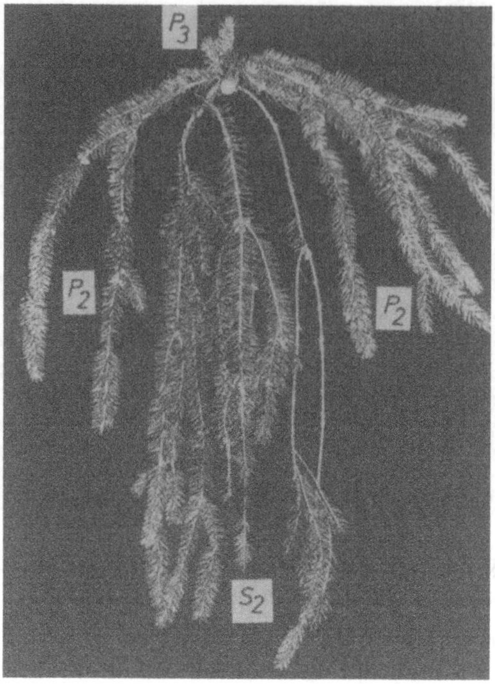

Foto 22: Jahrestrieb erster Ordnung mit regulären Seitenzweigen zweiter Ordnung (S_2) und Proventivzweigen zweiter (P_2) und dritter (P_3) Ordnung. Die seitlich überhängenden P_2-Zweige beschatten die regulären S_2-Zweige, die deshalb im Bereich der Beschattung entnadelt sind.

Photo 22: Annual shoot of first order with regular branches of the second order (S_2) and proventitious shoots of the second (P_2) and third (P_3) order. The lateral overhanging P_2- branches shade the regular S_2-branches, which are defoliated in the region of shading.

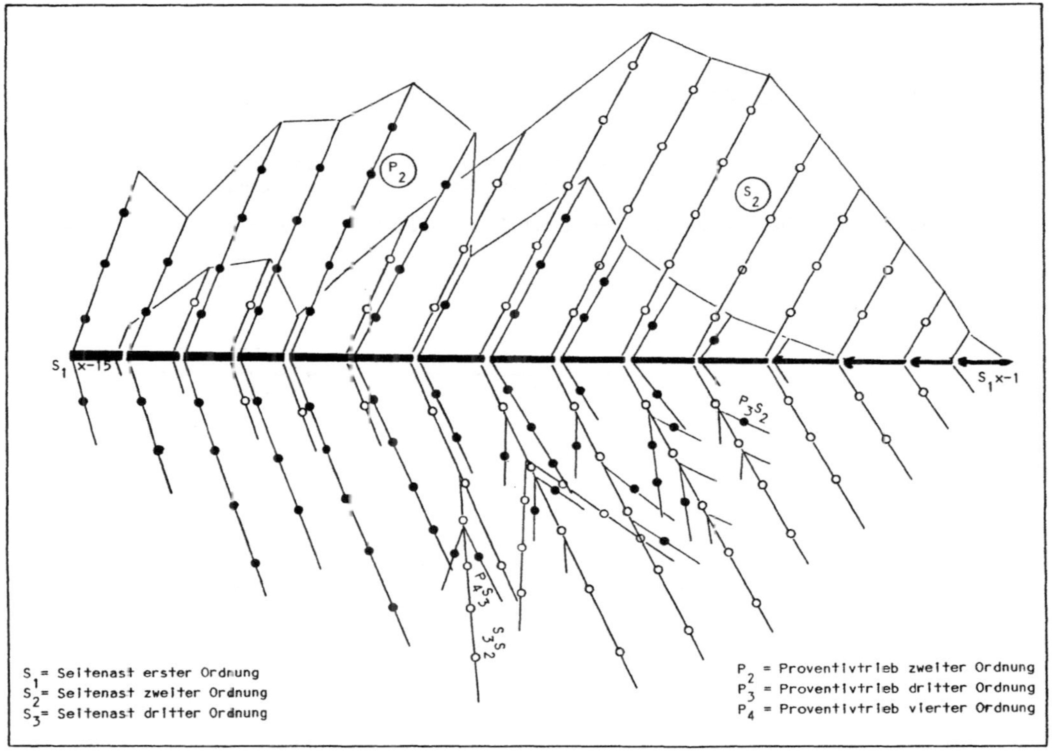

Abb. 12b: Verzweigung eines Astes von einer Plattenfichte:
S_2 = reguläre Verzweigung; P_2 = proventive Verzweigung

Fig 12b: *Branching of a bough on a plate-spruce*
S2 = regular branching, P2 = proventitious branching

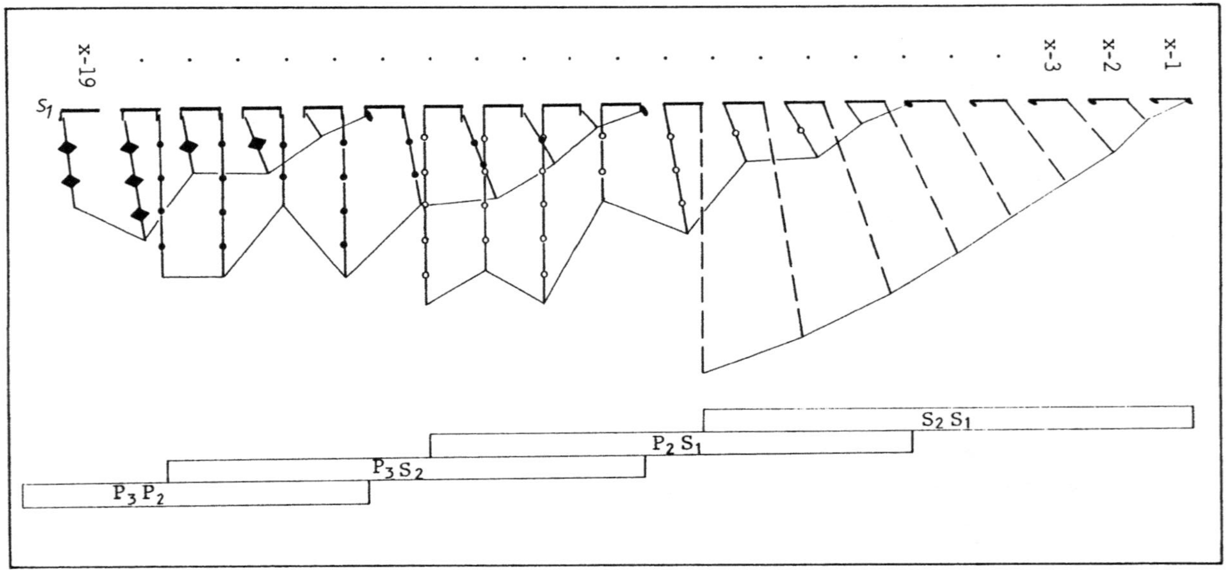

Abb. 13: Verzweigung in sukzessiven Serien bei der Fichte (hier: Kammfichte)

S_2S_1 = reguläre Verzweigungsserie 2 Ordnung
P_2S_1 = proventive Verzweigungsserie 2. Ordnung

Fig. 13: *Branching in successive series on Norway spruce (here: comb-type)*

Die Bildung von Proventivzweigen setzt normal schon an 4- bis 6-jährigen S_1-Jahrestrieben ca. 10 bis 15 Jahre alter Äste mit einer deutlichen Schwellung der Proventivknospen (aktivierte Proventivknospen) ein. Diese entwickeln sich in aller Regel zunächst zu auffällig kurzen Trieben (proventive Starttriebe). Ihre weitere Verzweigung erfolgt dann analog der regulären (ABB. 12). Aus Proventivknospen können sich aber auch starke Äste oder manchmal sogar Gipfel und ganze Kronen bilden.

Proventivzweige sind leicht daran zu erkennen, daß sie mindestens zwei Jahre jünger sind als der sie tragende Jahrestrieb, meist an der Basis des übergeordneten Jahrestriebes und epiton entstehen, ihr erster Jahrestrieb oft auffällig kurz - als sogenannter proventiver Starttrieb (s. *Gruber*, 1987) - ausgebildet ist und daß sich am Astquerschnitt ihre Markröhren bis zum Mark der jeweils übergeordneten Achsen verfolgen lassen.

Die Verzweigungsserien überlappen sich mehr oder weniger dachziegelartig, so daß die jungen Zweige der höheren Serien über den älteren Zweigen der niedrigeren Serien liegen. Letztere werden dadurch beschattet. Sie sind im Beschattungsbereich entnadelt (FOTO 22). Die Entnadelung solcher Zweige ist daher als die Folge der sukzessiven Serienbildung seitlicher Verzweigung zu betrachten.

Bei weitgehend störungsfreiem Wachstum verläuft die Entwicklung der Verzweigungsserien derart, daß zwischen dem Start aufeinanderfolgender Serien etwa eine Zeitspanne von 5 bis 10 Jahren liegt. Mit zunehmender Belastung nimmt der Zeitabstand und die Regelmäßigkeit der Altersstruktur der Verzweigungsserien ab (ABB. 13; *Gruber*, 1987; Schmidt, 1987).

Kronen, die unter ständig hohen mechanischen Belastungen stehen, weisen typische Verzweigungen auf, die ***Polykladien*** . Dies sind büschelförmig angehäufte Proventivtriebe unterschiedlichen Alters und Ordnungsgrades (ABB. 14).

Kammartig verzweigte Fichten können ihre Äste bis nahe an den Stamm durch Proventivzweige ständig grün halten. Diese bilden daher in der Regel einen kleinen nadelfreien Kronenkern. Plattenförmig verzweigte Fichten hingegen besitzen

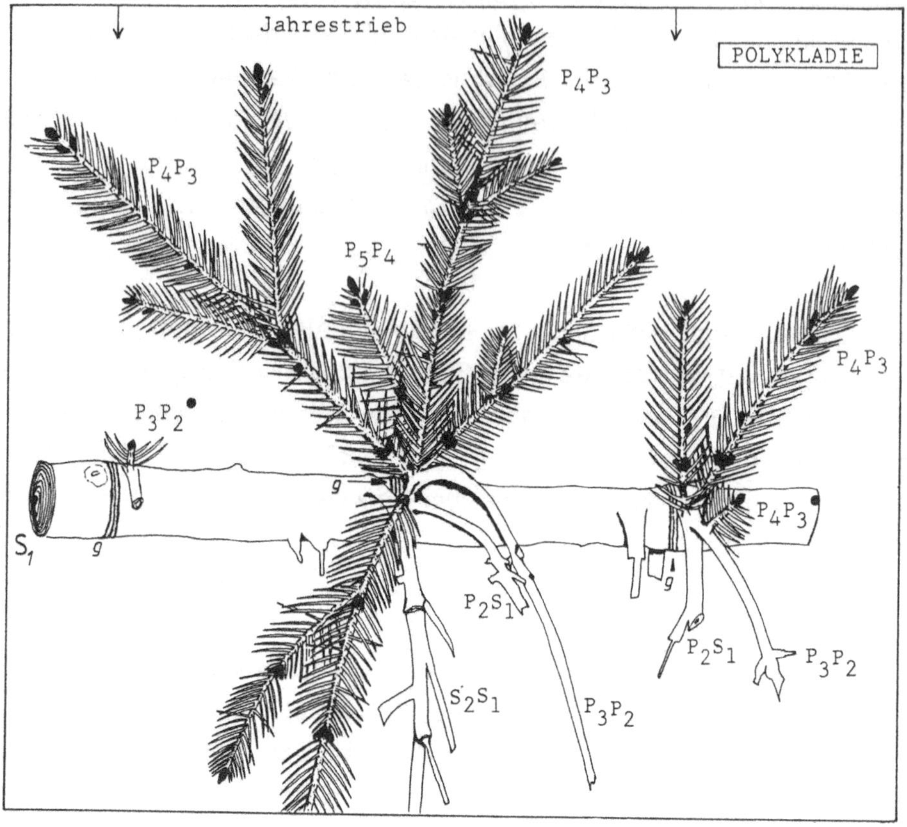

Abb. 14: Polykladie

Büschelförmige Anhäufung von Proventivtrieben meist verschiedener Verzweigungsordnung und unterschiedlichen Alters

S_1 = Seitenachse erster Ordnung,

S_2S_1 = regulärer Seitentrieb zweiter Ordnung, von S_1 abzweigend

P_2S_1 = Proventivtrieb zweiter Ordnung, von S_1 abzweigend

P_3P_2 = Proventivtrieb zweiter Ordnung, von P_2 abzweigend

P_xP_{x-1} = Proventivtrieb x-ter Ordnung, von P_{x-1} abzweigend

g = Grenze aufeinanderfolgender Jahrestriebe (erkennbar an der Knospenspur bzw. Triebbasisrillen), • = proventive Starttriebe

Fig. 14: *Polyclady*

Clusters of proventitious shoots of different order and age emerging from many proventitious buds, which stand close together

meist einen großen nadelfreien Kern, der durch die gegenseitige Beschattung der plattig verzweigten Äste entsteht.

Im geschlossenen und überstockten Bestand sterben auch bei den Kammfichten die Zweige und Knospen im Innern der Krone wegen Lichtmangels ab. Eine Regeneration kann deswegen dort auch nach einer Freistellung nicht mehr stattfinden.

Durch die proventive Triebbildung besitzt die Fichtenkrone ein ***hoch entwickeltes Reparatur- und Regenerationssystem***, um alternde, beschädigte und verloren gegangene oder durch reproduktives Wachstum geschwächte Zweige und Nadeln zu ersetzen. Ferner besitzt die Fichte darin eine ***große Flexibilität im Kronenaufbau*** *und eine* ***enorme architektonische Anpassungsfähigkeit***.

Anatomische Untersuchungen an 10- bis 15-jährigen kammartig angeordneten, sowohl völlig benadelten als auch teilweise und stark entnadelten Zweigen zweiter Ordnung haben ergeben, daß die Basisjahrestriebe (= jeweils ältester Jahrestrieb eines Zweiges) weniger Holzjahresringe hatten, als die S_2-Achsen Jahrestriebe zählten. Die jüngeren Jahrestriebe solcher Zweige zeigten dagegen noch die regelmäßige Anzahl der Jahresringe. Die gleiche Erscheinung ließ sich auch an den ältesten grünen Ästen der Krone feststellen. Dieses im Vergleich zum Längenwachstum ***frühere Aufhören des Dickenwachstums*** zeigt an, daß solche Zweige und deren Benadelung allmählich ineffektiv werden (vergl. Kapitel 3.3.3. und Kapitel 3.3.4.), weil die Zweige und Äste nur noch in der Nähe ihrer Assimilatquelle Holzzuwachs anlegen können. In den entfernteren Teilen davon ist dies aufgrund ihrer geringen Produktion nicht mehr möglich. Dies führt dann zur allmählichen Entnadelung der Zweige und Äste in distaler Richtung und zur natürlichen Zweig-, Ast- und Stammreinigung. Unter akuten Streßeinflüssen, insbesondere bei Trockenstreß, kommt es zu einer drastischen Entnadelung dieser ineffektiv werdenden Zweige, die dann auffällig als "Lamettazweige" am Ast herunterhängen. Solche Entnadelungen können bei vorübergehendem Streßeinfluß durch die Ersatztriebbildung (proventive und reguläre) allmählich kompensiert werden, solange der Initialschaden nicht zu hoch war.

Auch die Feststellung, bei der an Altfichten mehrjährige Zuwachsdepressionen und -ausfälle an der Stammbasis registriert bzw. überhaupt keine neuen Zuwächse mehr angelegt wurden (*Athari*, 1981; *Athari und Kramer*, 1985), ist Beweis dafür, daß die gesamte Krone dieser Bäume schon ineffektiv geworden ist.

3.3.2. Aufbau und Modifizierbarkeit der Fichtenkrone

Der Kronenaufbau der Kammfichte wurde von *Bindseil* (1933) und *Gruber* (1987a,b; 1988a,b) durch ein Normalmodell eingehend beschrieben. Innerhalb der Krone verändert sich die Zusammensetzung regulärer und proventiver Verzweigung. Mit zunehmendem Astalter wächst der proventive Anteil. Mit zunehmender Exposition und exogener Belastung nimmt der Anteil an proventiven Zweigen zu. Eingehende Kronenanalysen haben ergeben, daß Fichtenaltkronen aus 50 % bis nahezu 100 % proventiv aufgebaut sein können (*Gruber*, 1987a, b; Schmidt, 1987). In geschlossenen, geschützten Beständen kann der Anteil wesentlich geringer sein (*Gruber*, 1987a; Dilling, 1987). In geschlossenen Beständen ändert sich auch die Verzweigungsform in der Krone von oben nach unten (**Abb. 15**). Schon allein daraus läßt sich die leichte Modifizierbarkeit der kammförmigen Verzweigung über die Proventivtriebbildung ablesen. So sind zum Beispiel die untersten grünen Äste zum größten Teil über Proventivtriebe plattig verzweigt. Dies ist ein Paradebeispiel für die Anpassung der Verzweigung an die ungünstigen, aber optimal ausgenutzten Lichtverhältnisse.

Aber auch andere Faktoren, wie z. B. Wind, Eis, Schnee, Frost etc. oder biotische Faktoren (exogene Belastungsfaktoren) können vor allem auf die kammförmige Verzweigung sehr modifizierend wirken. Der Kammtyp kann dadurch in die unregelmäßige Kammform, Bürstenform, Röhrenform, Bandform und sogar Plattenform überführt werden (**Abb. 16; Fotos 23 - 29**). Dies ist weitgehend nur auf Grund der Proventivtriebbildung möglich.

Von diesen durch die exogenen Belastungsfaktoren geprägten **Modifikationsformen** müssen die mehr oder weniger genetisch bedingten **Verzweigungstypen** unterschieden werden (s. *Schmidt-Vogt, 1977, 1986; Gruber, 1988*; **Fotos 30 -**

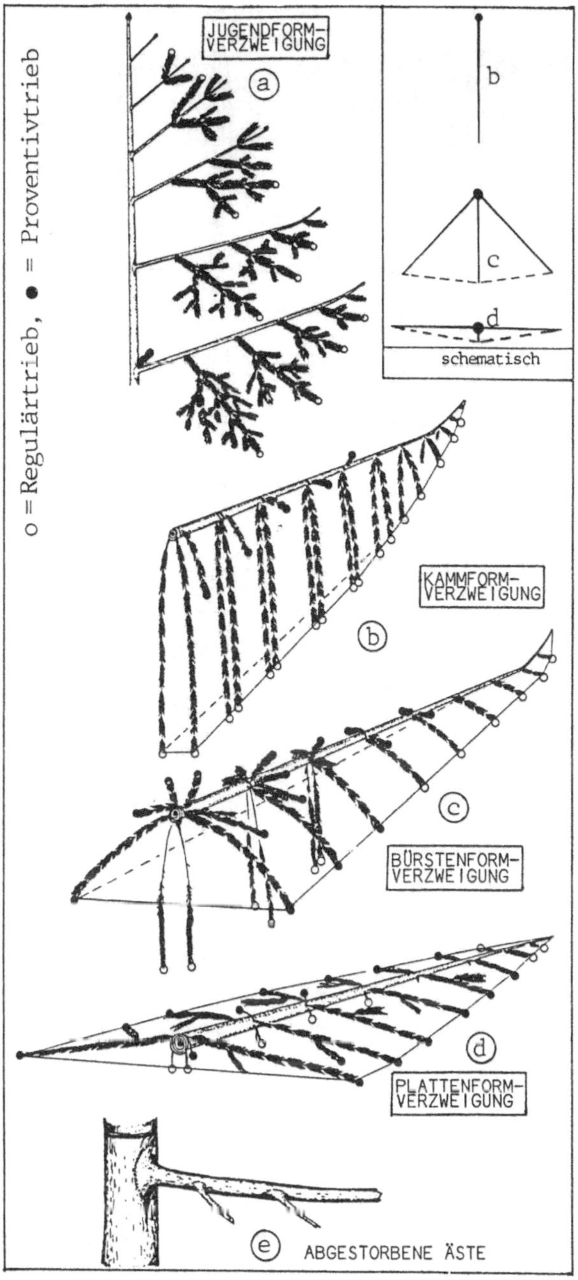

a = Jugendformverzweigung (plagiotrope Ausrichtung der Seitenzweige 2. und höherer Ordnung, reguläre Triebbildung, Sonnennadeln)

b = Kammformverzweigung (negativ orthotrop wachsende Seitenzweige 2. und höherer Ordnung, vorwiegend Regulärtriebe, wenig Proventivtriebe)

c = Bürstenformverzweigung (allseitig gerichtete Seitenzweige 2. und höherer Ordnung, Regulärtriebe und viele Proventivtriebe

d = Plattenformverzweigung (plagiotrop gerichtete Seitenzweige 2. und höherer Ordnung, vorwiegend oder nur Proventivtriebe, Schattennadeln

e = abgestorbene Äste

Abb. 15: Aufbau der Fichtenaltkrone (Kammfichte) nach dem Verzweigungshabitus: Idealmodell

Fig. 15: Construction of an old spruce crown (comb-type) in regard to the branching habit

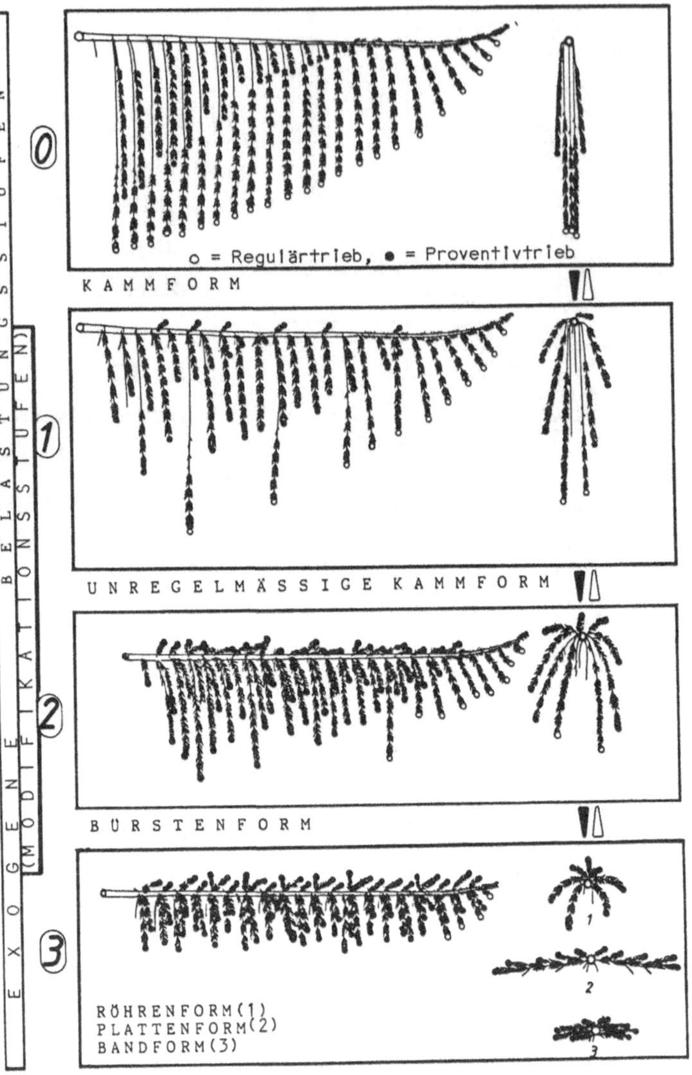

Abb. 16: Die Modifizierbarkeit der kammförmigen Verzweigung (Kammtyp) durch exogene Belastungsfaktoren über die Proventivtriebbildung: Mit zunehmender Belastung verändert sich die kammförmige Verzweigung von 0 nach 3. Bei abnehmender Belastung kann sich die Stufe 3 in die Stufe 0 zurückbilden.

***Fig. 16:** Modification capacity of the comb-like branched spruce crown (comb type) by proventitious shoots due to exogenous stress. With increasing stress the comb form changes from 0 to 3; when stress abates the modified form 3 can be restructured to 0.*

Foto 23: Kammförmig verzweigter Ast, der vorwiegend aus regulären S_2-Zweigen aufgebaut ist. Diese bilden ein herabhängendes Altersseriendreieck, die reguläre Hauptserie.

Photo 23: Comb-like branched bough, which is mainly formed of regular S_2-branc hes, forming a hanging down serial triangle, the regular main series.

Foto 24: Unregelmäßig kammförmig verzweigter Ast mit g ter Proventivtrieb-bildung.

Photo 24: Irregular comb-like branched bough with many | oventitious shoots.

Foto 25: Weitgehend zur Bürstenform modifizierter kammförmig verzweigter Ast mit üppiger Proventivtriebbildung.

Photo 25: Largely modified comb-like branched bough into the brush-form showing a rich proventitious shoot formation.

Foto 26: Über die Proventivtriebbildung zur Plattenform modifizierter Ast einer Kammfichte.'a) Draufsicht, b) Seitenansicht: Die auf der Unterseite des Astes schon längst abgestorbenen regulären Zweige verraten durch ihre Stellung (Herabhängen) den Verzweigungstyp der Kammfichte

Photo 26: Modified bough of a comb spruce into the plate form by proventitious shoot formation. a) top view, b) side view

Foto 27: Äste einer Kammfichte mit herabhängenden Verzweigungsserien
Photo 27: boughs of a comb spruce with vertically hanging down branching series

Foto 28: Zur Bürstenform modifizierte Kammfichte
Photo 28: Modified comb spruce into the brush-form

Foto 29: Zur "Röhrenform" modifizierte Kammfichte
Photo 29: Modified comb spruce into the "pipe"-form

32). Sylvén (1909, 1914) hat die Verzweigungstypen erstmals klassifiziert. Er unterscheidet 5 Typen:

- **die reine Kammfichte,**
- **die unregelmäßige Kammfichte,**
- **die Bürstenfichte,**
- **die Plattenfichte,**
- **die Bandfichte.**

Hassenberger (1939) weist noch einen 6. Typ, den sogenannten "Greifer" aus.

Wie aus den Untersuchungen des Autors auf den Samenplantagen der Niedersächsischen Forstlichen Versuchsanstalt Escherode an über 20 Jahre alten Pfropflingen von über 200 Jahre alten "authochtonen" Harzfichten hervorgeht, können genetische Unterschiede in der Verzweigungsform verschiedener Klone sicher nachgewiesen werden (s. Gruber, 1989b). Dabei zeigte sich, daß auf einer Plantage die intraklonale Variabilität äußerst eng war, die interklonale Variabilität und die Unterschiede der Verzweigung zwischen Ramet und Ortet dagegen sehr groß sein konnte: Es wurden alle Verzweigungstypen von der reinen Kammfichte (z. B. Königsfichte) bis hin zur schmalkronigen Bürsten-Plattenfichte (z. B. Oderhaus 96D) vorgefunden (s. Fotos 31, 32). Weiterhin wurden mehrere Beispiele gefunden, bei denen die Mütterbäume als Plattentyp angesprochen wurden, die Ramets sich aber als reine Kammfichten oder Kamm-Bürstenfichten verzweigten (s. Tab. 4: Nr. 11, 12, 38, 40, 55, 76, 88, 89, 91). Solche Unterschiede sind nur durch die Modifizierbarkeit der Verzweigung erklärbar.

Während die reine Kammfichte ihren Genotyp immer verrät, geben die anderen Phänotypen ihre genetische Identität nur auf unbelasteten Standorten preis. Ansonsten können diese aber auch mehr oder weniger modifikatorisch bestimmt sein. Dies gilt insbesondere auf exponierten Standorten.

Wie bereits Sylvén (1909, 1914), Priehäuser (1958) und Schmidt-Vogt (1972, 1977, 1986) feststellten, können die Kammfichte, Bürstenfichte und Plattenfichte als genetische Grundtypen vorkommen. Die unregelmäßige Kammfichte, die Bandfichte und der Greifer sind nach der Auffassung des Autors meist lediglich Modifikationsformen. Und selbst bürsten- und plattenförmige Verzweigungen können Modifikationen von Kamm- bzw. von Kamm- und Bürstentypen sein (vergl. *Schröter 1898, 1934; Heinkinheimo, 1920; Rubner, 1936, 1943; Holzer, 1967; Hofmann, 1968*).

Schmidt-Vogt (1972, 1977) unterscheidet zwischen ***labilen*** und ***stabilen*** Typen. Unter Einbeziehung dieser Überlegungen läßt sich das in **Abb. 17** dargestellte System des Verzweigungsphänotyps der Fichte aufstellen. Dabei stellen hinsichtlich der Verzweigung in erster Linie die Kammfichten die labilen, die Plattenfichten die stabilen Typen dar.

Denn sowohl Kamm- als auch Plattenfichten lassen ihre planmäßige Verzweigung am besten bei optimalem Wachstum und geringer exogener Belastung erkennen. Mit zunehmendem Modifikationsdruck wird aber der Kammtyp mittels der Proventivtriebbildung in die Bürsten-, Röhren-, Band- oder Plattenform abgewandelt. Die Verzweigungsstruktur kann sich bei der Kammfichte also sehr wesentlich ändern (s. **Abb. 16**). Der Plattentyp hingegen bleibt auch bei steigendem Modifikationsdruck plattenförmig. Er kann höchstens zur Bandform (s. **Abb. 16/3**) modifiziert werden. Hierbei ändert sich die Verzweigungsstruktur nur unwesentlich.

Es gibt keinen Hinweis und vernünftigen Grund, der erklären könnte, unter welchen Bedingungen eine genetisch bedingte plattenförmige Verzweigung nachträglich in eine kammförmige Verzweigung modifiziert werden könnte. Selbst bei den "neuartigen Waldschäden" konnte nachgewiesen werden, daß die "Lamettazweige" bei Fichten lediglich stark entnadelte Zweige von Kammfichten sind (s. Kapitel 3.3.4.), und daß das Herunterhängen dieser Zweige nicht nachträglich aus ursprünglich plattig oder bürstig verzweigten Fichten entstanden ist (*Magel und Ziegler*, 1987).

Die Verzweigungsphänotypen der Fichte können also je nach Standort und Genotyp mehr oder weniger modifikatorisch oder genetisch bedingt sein. Die Vielfalt der Verzweigungsphänotypen resultiert daher aus der Vielfalt der Verzweigungstypen (**Genotypen**) und der Vielfalt der Verzweigungsformen (**Modifikationen**). Bedeutend dabei ist, daß die labilen Verzweigungstypen durch Modifikation den Phäno -

Foto 30: Genetisch bedingte Unterschiede in der Verzweigung bei der Fichte (B = Bürstenform, K = Kammfichte)
Photo 30: branching differences on spruce due to genetic factors (B = brush-form, K = comb-form)

Foto 31: Genetisch bedingte kammförmige Verzweigung einer autochthonen Harzfichte auf der Samenplantage in Escherode (Kammtyp)
Photo 31: Genetically determined comb-like branching of an autochthonous Harz-Mountains spruce on a seed orchard in Escherode (comb-type)

Foto 32: Genetisch bedingte plattenförmige Verzweigung einer autochthonen Harzfichte auf der Samenplantage in Escherode (Plattentyp)
Photo 32: Genetically determined plate-like branching of an autochthonous Harz Mountains spruce on a seed orchard in Escherode (plate-type)

Tab. 4: Unterschiede bei der Verzweigung zwischen Ortets und Ramets autochthoner Uralt-Harzfichten

***Tab. 4:** Differences in branching form between ortets and ramets of autochthonous Harz Mountains spruces*

			WALSRODE				ESCHERODE			
Nr.	Bezeichnung	Phänotyp Ortet	Ø Phänot. Ramets	Spanne Ramets	Anzahl	Zusammensetzung im einzelnen	Ø Phänot. Ramets	Spanne Ramets	Anzahl	Zusammensetzung im einzelnen
1	AND 183/2	P-B	B	B	3	3xB	B-K	B-K	4	4xB-K
2	ALT 283/1	B-P	B	B->B(K)	21	18xB, 3xB(K)				
3	ALT 283/2	P-(K)	B	B->B(K)	12	8xB, 4xB(K)				
4	ALT 283/3	P-(K)	K(B)	K->K-B	20	6xK, 9xK(B), 5xK-B				
5	ALT 283/4	B-P	B(K)	B->B-K	22	7xB, 8xB(K), 5xB-K	B(K)	B->B-K	4	1xB, 1xB(K), 2xB-K
6	ALT 283/5	P-B	B	B(P)->B(K)	18	5xB(P), 10xB, 3xB(K)				
7	ALT 295/6	P-K	B(K)	B->B-K	18	6xB, 5xB(K), 7xB-K	B	B->B(K)	4	3xB, 1xB(K)
8	ALT 295/7	P	B	B->B-K	19	15xB, 2xB(K), 2xB-K	B	B->B-K	3	2xB, 1xB-K
9	ALT 295/8	P-(K)	B	B(P)->B-K	21	2xB(P), 13xB, 4xB(K), 2xB-K	B	B	3	3xB
10	ALT 292/11	B-P	B	B->B(P)	6	5xB, 1xB(P)				
11	ALT 291/13	B-P	B-K	B(K)->K(B)	5	3xB(K), 2xK(B)				
12	ALT 291/14	B-P	K-B	K(B)->B(K)	13	3xB(K), 7xK-B, 3xK(B)				
13	ALT 291/16	P-(K)	K-B	B(K)->K(B)	23	11xB(K), 10xK-B, 2xK(B)	B(K)	B->B-K	3	2xB, 1xB-K
14	ALT 291/17	P-(K)	K	K->K-B	19	7xK-B, 1xK(B), 11xK	K(B)	K(B)	3	3xK(B)
15	ALT 291/18	P-B	K-B	K->B(K)	20	11xB(K), 7xK-B, 1xK(B), 1xK	K-B	K-B	4	4xK-B
16	ALT 291/19	P-B	K-B	B(K)->K(B)	19	11xB(K), 5xK-B, 3xK(B)	B(K)	B->B(K)	3	1xB, 2xB(K)
17	ALT 291/20	P	B(K)	K-B->B	22	10xB, 9xB(K), 3xK-B	B(K)	B->K-B	4	1xB, 2xB(K), 1xK-B
18	ALT 291/21	P	B(P)	B(P)	1	1xB(P)	B	B->B(P)	3	2xB, 1xB(P)
19	ALT 292/22	B-P	B	B	5	5xB				
20	ALT 292/24	B-P	B(P)	B->B-P	5	1xB, 2xB(P), 2xB-P				
21	OD 64/19	K-P	B	B->B(K)	9	7xB, 2xB(K)				
22	OD 64/20	K-P	K-B	B->K	11	4xB, 2xB(K), 2xK-B, 2xK(B), 1xK				
23	OD 64/24	K-P	B	B	4	4xB				
24	OD 68/21	K-P	B	B->B(K)	6	5xB, 1xB(K)				
25	OD 73/12	K-P	B(P)	B->B-P	20	7xB, 10xB(P), 3xB-P				
26	OD 73/13	K-P	B	B->B(K)	19	15xB, 4xB(K)				
27	OD 73/14	K-P	K	K->K-B	22	1xK-B, 2xK(B), 19xK				
28	OD 73/22	K-P	B-K	B->K(B)	4	2xB, 1xB-K, 1xK(B)				
29	OD 73/23	K-P	K	K->K(B)	8	3xK(B), 5xK				
30	OD 75/8	P	B	B	10	10xB				
31	OD 75/9	P-(K)	B(P)	B->B(P)	6	5xB(P), 1xB				
32	OD 75/10	P	B	B(P)->B-K	19	3xB(P), 13xB, 2xB(K), 1xB-K				
33	OD 96 A	P-B	B(P)	B(P)	2	2xB(P)	P(B)	P(B)	2	2xP(B)
34	OD 96 B	P	B(P)	B(P)	2	2xB(P)	B(P)	B(P)	3	3xB(P)
35	OD 96 D	P	P(B)	P-B->P(B)	7	5xB-P, 2xP(B)	P(B)	P(B)	7	7xP(B)
36	OD 96 E	P-K	K-B	K->K-B	6	4xB-K, 2xK	K-B	K->K-B	3	2xK-B, 1xK
37	OD 96/2	B	B	B->B-P	11	7xB, 3xB(P), 1xB-P	B(P)	B->B(P)	2	1xB, 1xB(P)
38	OD 96/3	P-B	K(B)	K->B(K)	16	2xB(K), 4xK-B, 4xK(B), 6xK	K-B	K->B(K)	3	1xB(K), 1xK-B, 1xK
39	OD 96/12	P	B	B->B(K)	7	5xB, 2xB(K)				
40	OD 96/13	P(B,K)	K(B)	K->B(K)	17	5xB(K), 1xB-K, 8xK(B), 3xK				
41	OD 96/20	P	B	B->B(K)	3	2xB, 1xB(K)				
42	OD 96/23	P-K	B(K)	B->B-K	13	6xB, 5xB(K), 2xB-K				

Zu Tab. 4:

43	OD 96/24	P	B(P)	B->B-P	14	7xB-P, 4x B(P), 3xB				
44	OD 96/25	P-K	B(K)	B->B-K	18	8xB, 9xB(K), 1xB-K				
45	OD 96/26	P	B(K)	B(P)->B-K	21	4xB(P), 8xB, 8xB(K), 1xB-K				
46	OD 96/28	P	B(K)	B(K)->K(B)	3	2xB(K), 1xK(B)				
47	OD 96/29	P	B	B->B-P	17	14xB, 2xB(P), 1xB-P				
48	OD 96/30	P	B	B->B(P)	3	2xB, 1xB(P)				
49	OD 96/31	P	B	B->B-K	19	14xB, 4xB(K), 1xB-K				
50	OD 96/32	P	B(P)	B->B-P	19	4xB, 12xB(P), 3xB-P				
51	OD 96/35	P	B(P)	B->B-P	13	6xB, 4xB(P), 3xB-P				
52	OD 99/33	P	B(P)	B->B-P	17	6xB, 10xB(P), 1xB-P				
53	OD 100/30	K-B	K	K->K(B)	11	4xK(B), 7xK	K	K	3	3xK
54	OD 100/31	P-B	B	B(K)->B(P)	21	4xB(P), 15xB, 2xB(K)				
55	OD 101/3	P	K-B	B->K	21	8xB, 2xB(K), 6xK-B, 5xK				
56	OD 101/4	P-K	K(B)	B->K	15	2xB, 2xB(K), 2xB-K, 5xK(B),4xK				
57	OD 235/26	B-(K)	B	B->B(P)	12	3xB(P), 9xB				
58	OD 235/27	P-B	B	B	17	17xB				
59	OD 235/28	B	B(K)	B->B-K	17	8xB, 7xB(K), 2xB-K				
60	OD 236/1	P-K	B(K)	B->B-K	13	5xB, 6xB(K), 2xB-K				
61	OD 236/2	P(K)	B	B->B(P)	21	2xB(P), 19xB				
62	Königsfichte	B-P	K	K->B(K)	20	2xB(K), 3xK-B, 5xK(B), 10xK	K(B)	K->B(K)	3	1xB(K), 1xK-B, 1xK
63	Wolfsfichte	P-K	B(K)	B->K	18	11xB, 3xB(K),2xK-B,1xK(B),1xK	B-P	B-P	3	3xB-P
64	SIE 195/3	P	B(P)	B->B-P	20	3xB-P, 9xB(P), 8xB				
65	SIE 196/4	P(K)	B(P)	B->B(P)	19	13xB(P), 6xB				
66	SIE 196/6	P(K)	B	B->B(P)	15	13xB, 2xB(P)				
67	SIE 197/9	P(K)	B(K)	B->B-K	4	1xB, 1xB(K), 2xB-K				
68	SIE 197/10	P	B	B->B(P)	10	1xB(P), 9xB				
69	SIE 197/11	K-P	B-P	B(P)->P	14	2xP, 8xB-P, 4xB(P)				
70	SIE 197/12	K-P	B	B->B-P	18	4xB-P, 5xB(P), 9xB				
71	SIE 197/13	P	B	B->B-P	18	2xB-P, 2xB(P), 14xB				
72	SIE 197/14	P(K)	K-B	B->K	19	2xB, 8xB(K),2xK-B,6xK(B),1xK				
73	SIE 197/15	P(K)	B(K)	B->B-K	16	7xB, 7xB(K), 2xB-K				
74	SIE 197/16	P-K	B(K)	B->B-K	15	6xB, 6xB(K), 3xB-K				
75	SIE 197/17	P(K)	B	B	14	14xB				
76	HG 1-1	P					B-K	B-K	2	2xB-K
77	HG 1-2	K					K	K	8	8xK
78	HG 42	P					B(K)	B(K)	3	3xB(K)
79	HG 46	P-K					K-B	K-B	3	3xK-B
80	HG 58	?					K(B)	K(B)	3	3xK(B)
81	HG 82	P-K					K-B	K-B	3	3xK-B
82	HG 111	K(P)					B	B	6	6xB
83	HG 112	K					B(P)	B(P)	4	4xB(P)
84	HG 113	K					K(B)	K->K-B	7	2xK-B, 3xK(B), 2xK
85	HG 114	K					B(P)	B->B-P	5	3xB-P, 2xB
86	HG 209	P-K					K(B)	K->K-B	3	1xK-B, 2xK
87	HG 219	K-P					B	B->B(P)	4	1xB(P), 3xB
88	FRANZ 1	(P)-K					K-B	K-B	4	4xK-B
89	FRANZ 2	(P)-K					K-B	K->K-B	4	1xK-B, 1xK(B), 2xK
90	LAUT 2	B-P					B	B	1	1xB
91	LAUT 5	P(B)					K(B)	K(B)	2	2xK(B)
92	LON F3	B-K					K-B	K-B	4	4xK-B
93	LON F4	B-K					K	K	5	5xK

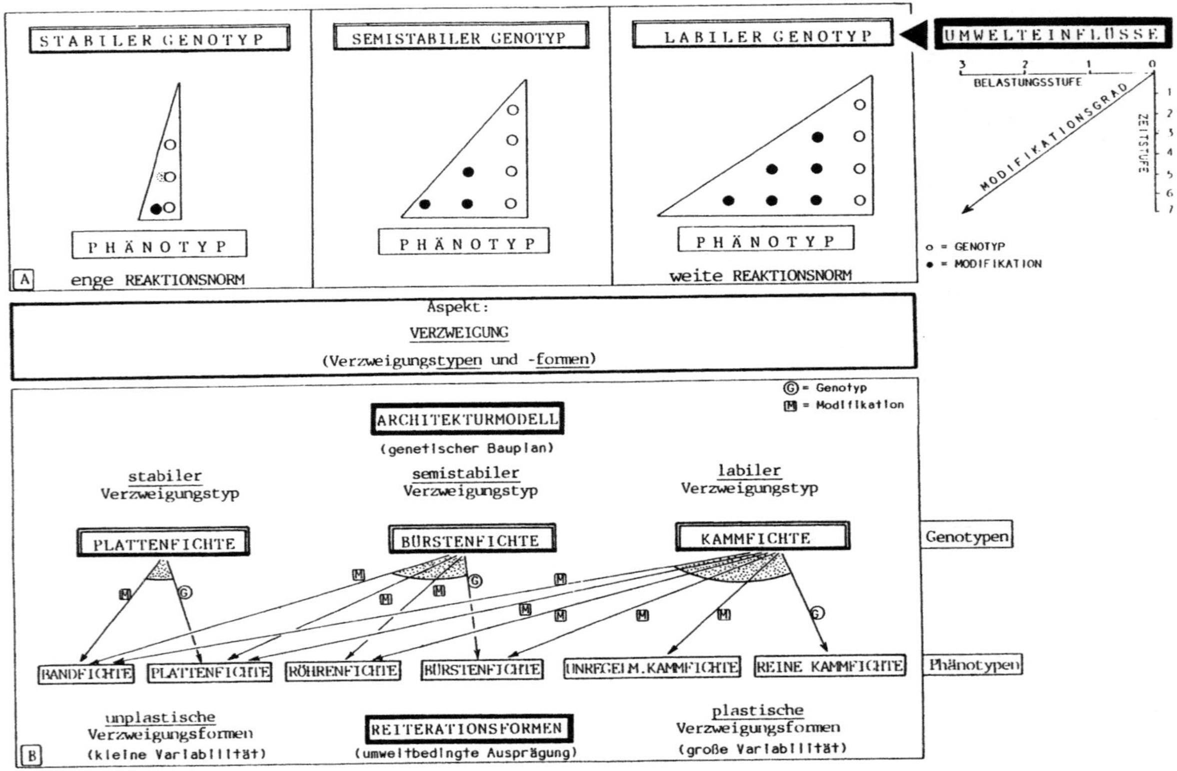

Abb. 17: System über die Vielfalt der Phänotypen:
A) allgemeines Schema,
B) Verzweigungsphänotypen bei der Fichte

Fig. 17: *System about the diversity of the phenotypes:*
A) general diagram, B) branching phenotypes of Norway spruce

typ der mehr oder weniger stabilen Verzweigungstypen imitieren, sozusagen "***phänokopieren*** " können.

3.3.3. Effektive und ineffektive Verzweigung und Nadelmasse

"Effektivität" (oder Effizienz) der Verzweigung kann nur dann gegeben sein, wenn die Verzweigung ausreichend zur Stoffproduktion des Baumes beiträgt. Dies ist der Fall, wenn jede Verzweigungseinheit (Trieb) bzw. jeder Verzweigungskomplex Assimilate an die übergeordnete Zweigachse abführt, z. B. ein Zweig an den Ast, ein Ast an den Stamm und eine Krone an die Wurzel. Die ***Effektivitätsgrenze eines Zweiges*** wird daher als die Grenze definiert, bei der gerade noch Assimilate an die übergeordnete Einheit abgegeben werden. Eine Unterschreitung der Effektivitätsgrenze muß zur Entnadelung und natürlichen Zweig-, Ast- und Stammreinigung und letztlich auch zum Baumtod führen.

Es ist einleuchtend, daß die jeweils jüngeren Zweigkomplexe der Altersserien (z. B. alle ein- bis achtjährigen Zweige) - nicht etwa die jeweils jüngeren und jüngsten Jahrestriebe und Nadeljahrgänge - die effektive Nadelmasse stellen, wohingegen die älteren und schwach verzweigten Zweige die ineffektive Nadelmasse tragen (s. Abb. 12, 18).

Die Zweige, die die effektive bzw. ineffektive Nadelmasse besitzen, werden als effektive bzw. ineffektive Verzweigung bezeichnet. Mit der Menge der abgeführten Assimilate ist der Produktionswert des jeweiligen Zweigkomplexes festgelegt.

In der Fichtenkrone existieren nun nicht nur Zweige mit unterschiedlich hoher Effektivität, also mit unterschiedlichem Produktionswert, sondern auch vollkommen ineffektive Zweigkomplexe, wie z. B. die Lamettazweige und ältesten, noch grünen Äste einer Krone.

Die Abbildung 19 soll eine Vorstellung über die Verteilung von effektiver und ineffektiver Nadelmasse in unterschiedlich exponierten Fichtenkronen geben.

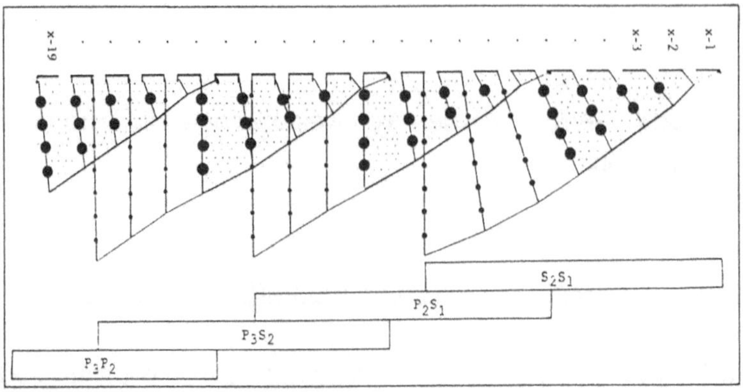

Abb. 18: Zweigkomplexe mit effektiver und ineffektiver Nadelmasse (schematisch: Seitenast erster Ordnung mit idealen sukzessiven Serien seitlicher Verzweigung S_2S_1 = reguläre Seitentriebe 2. Ordnung an S_1, P_2S_1 = Proventivtriebe 2. Ordnung an S_1, P_3S_2 = Proventivtriebe 3. Ordnung an S_2, P_3P_2 = Proventivtriebe 3. Ordnung an P_2

Fig. 18: *Branch complexes with effective and ineffective needle mass (schematic: branch of the first order with ideal successive series of lateral branching*

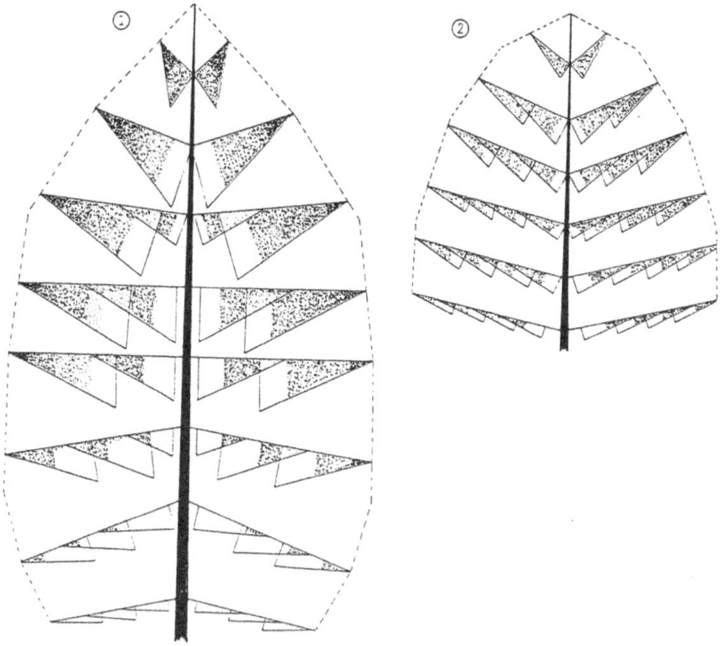

Abb. 19: Verteilung von effektiver ■ und ineffektiver □ Nadelmasse in der Krone von kammförmig verzweigten Fichten in geschützter (1) und plattenartig verzweigten Fichten in exponierter Lage (2).

Fig. 19: *Distribution of effective ■ and ineffective □ needle mass within the crown of a comb-spruce in protected (1) and a plate branched spruce on exposed site (2).*

3.3.4. Das sogenannte Lamettasyndrom (Lamettasymptom)

Das Lamettasymptom wurde und wird in jüngster Zeit als neuartiges Krankheitssymptom der Fichte angesehen und ist mehrfach beschrieben worden (*Elstner*, *1983; Rehfuess, 1983, 1984; Gruber, 1985; Magel und Ziegler, 1987*). Lamettazweige treten nach eigenen Beobachtungen bei der reinen und unregelmäßigen Kammfichte, aber auch bei den Übergangsformen zur Bürstenfichte auf. Dabei ist oft die Exposition des Baumes zum Wind entscheidend, ob sich das Phänomen ausbilden kann.
"Lamettazweige" sind stark entnadelte und sich in distaler Richtung entnadelnde Zweige von kammförmig verzweigten Ästen (*Gruber, 1985, 1987; Magel und Ziegler, 1987*). Extreme Lamettazweige sind nur noch an den jüngsten und oft verkürzten Jahrestrieben benadelt. Ältere Lamettazweige sind oft durch Ausfälle von Holzjahresringen an den ältesten Jahrestrieben (Basisjahrestrieben) gekennzeichnet (vergl. Kapitel 3.3.1.; *Gruber*, 1987). Im fortgeschrittenen Stadium können dort auch Kambium- und Phloemanomalien auftreten.

Bei den Lamettazweigen müssen drei Typen unterschieden werden:

Der erste Lamettatyp (**LAMETTATYP I**), der nur an den älteren und ältesten Zweigen der Altersserien auftritt, ist Folge der natürlichen Zweigreinigung und sukzessiven Serienbildung (**Abb. 20a, 12**). Denn die Zweige von Kammfichten werden im Durchschnitt nicht älter als 15 Jahre. Dennoch können die untersten, oft über fünfzig Jahre alt werdenden Äste einer Kammfichte bis nahe an den Stamm mit grünen Zweigen besetzt sein. Dies ist nur über die Proventivtriebbildung möglich, indem die allmählich ineffektiv werdenden Zweige schon frühzeitig durch nachwachsende Proventivzweige abgelöst und ergänzt werden (vergl. **Abb. 12, 13**). Die ältesten Zweige eines Verzweigungsdreiecks stellen daher von Natur aus Lamettazweige dar. Sie sind aber wegen der nachwachsenden Proventivzweige am stehenden Baum oft nicht sehr auffällig. Dieser Typ bildet sich auf den besseren und nicht windexponierten Standorten sowie in geschlossenen Beständen. Solche Fichten weisen auf geringe standörtliche Schwankungen hin.

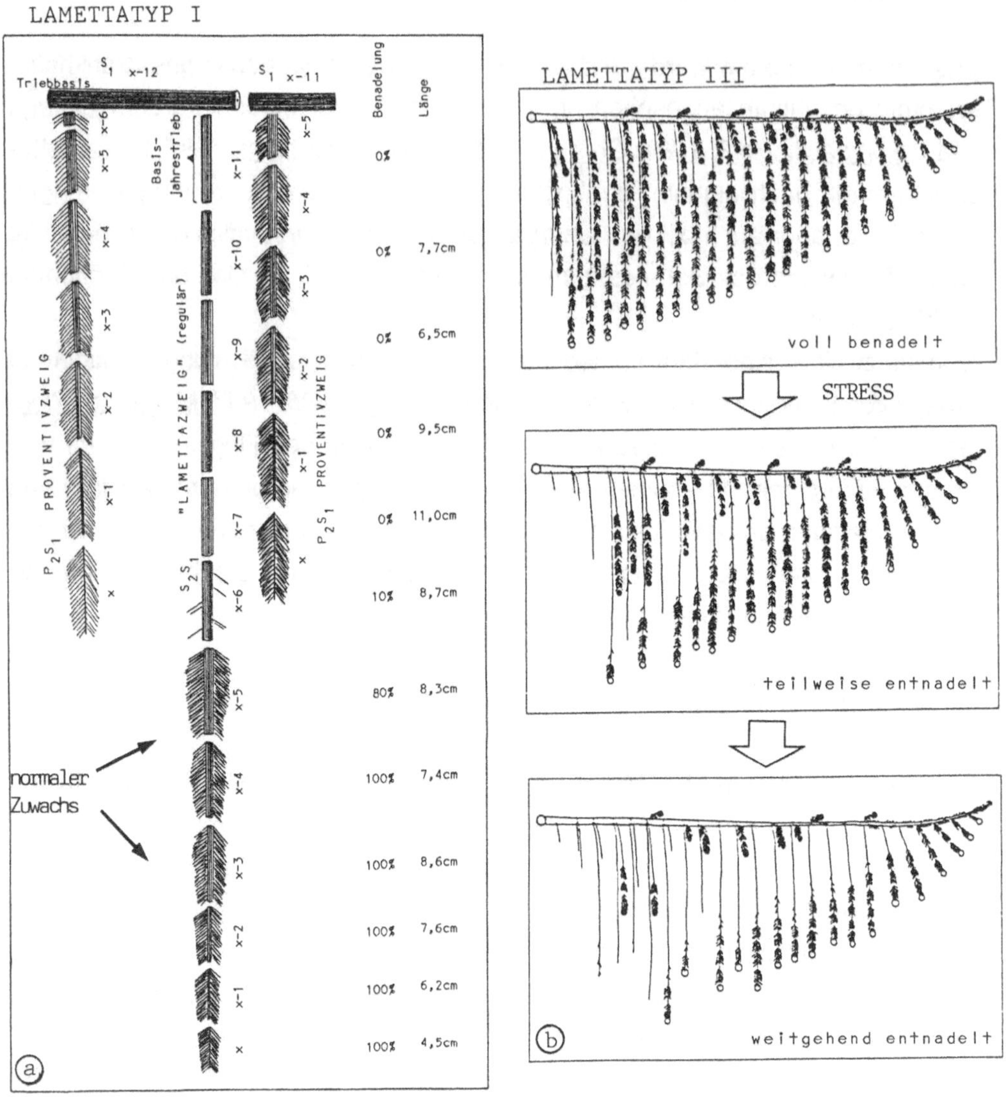

Abb. 20: Entstehung des "Lamettasymptoms" (schematisch)

a) *Lamettatyp I* : Entnadelung infolge sukzessiver Serienbildung. Die Jahresringbildung an der Basis des Zweiges wird frühzeitig vermindert oder eingestellt.

b) *Lamettatyp II und III* : akut oder chronisch verlaufende Entnadelung ohne bzw. mit unzureichender Regeneration

Fig. 20: *Development of the "tinsel symptom" (schematic)*

Beim **LAMETTATYP II** sind die Lamettazweige sehr auffällig. Sie entstehen nach spontanem Streß, wie z. B. nach längerer Trockenheit (Sommertrocknis, Frosttrocknis) oder Frost (s. *Münch, 1928; Rehfuess und Rehfuess, 1988*). Dies führt zum Schütten der alten Nadeljahrgänge. Die anfänglich verlichteten Kronen und Äste können sich aber durch verstärkte Proventivtriebbildung völlig regenerieren (s. **ABB. 24**). Die älteren Zweige, die noch längere Zeit an den Ästen verbleiben können, hängen dann als silbergraue bis graubraune Fäden mit grün benadelten Spitzen aus den jüngeren voll benadelten Zweigen der Verzweigungsserien lamettaartig heraus. Zu diesem Symptomkreis gehört auch die von *Rehfuess* (1983) und *Rehfuess und Rodenkirchen* (1984) beschriebene "Nadelröte-Erkrankung" der Fichte in Süddeutschland.

Da der Lamettatyp II höchstens durch momentane überdurchschnittlich hohe, aber wieder ausgleichbare Nadelverluste gekennzeichnet ist, kann er nicht als ein neuartiges Waldschadenssymptom betrachtet werden. Zu diesem Lamettatyp zählt übrigens auch die von *Sylvén* (1909, 1914) als Genotyp ausgewiesene "unregelmäßige Kammfichte" (**FOTOS 33**). Viele der (in den höheren Lagen der Mittelgebirge) vorkommenden verlichteten Kammfichten sind den bei *Sylvén* (1909) abgebildeten unregelmäßigen Kammfichten sehr ähnlich (**FOTO 34**). Fichten mit einem derartigen Symptom weisen auf größere und periodisch erfolgende standörtliche Schwankungen hin.

Ein dritter Typ von Lamettazweigen (**Lamettatyp III**) beschreibt eine starke Entnadelung auch der jüngeren Zweige der Verzweigungsserien, wobei allerdings keine oder keine nennenswerte proximale Triebinnovation mehr stattfindet. Bei diesem ernsthaften Symptom, das sowohl akut als auch chronisch entstehen kann und zu den stark verlichteten, nicht mehr regenerationsfähigen Kronen führt (**ABB. 17B, 24**), wird immer die effektive Nadelmasse geschädigt. Dadurch entstehen sehr geringe bzw. keine Zuwächse mehr, was das Absterben von Bäumen nach sich zieht. Bei chronischem Verlauf ist das Lamettasymptom nur anfänglich sichtbar, da sich die Verzweigung allmählich verändert (vergl. **ABB. 20, 24**), indem die auffälligen "Lamettazweige" vorzeitig aus dem Verzweigungsbild verschwinden.

Foto 33: Unregelmäßige Kammfichte (aus Sylvén, 1909)
Photo 33: Irregular comb-spruce (from Sylvén, 1909)

Foto 34: Kammfichte mit Lamettasymptom
Photo 34: Comb-spruce showing the “silver tinsel”-symptom

Der Lamettatyp III kann grundsätzlich nur dann zustande kommen, wenn bei akuter Streßwirkung selbst der Regenerationsapparat in erheblichem Maße in Mitleidenschaft gezogen wird, oder wenn genetische Unterschiede in der Regenerationsfähigkeit der Fichtenkrone bestehen, so daß Fichten auf bestimmten Standorten unzureichend angepaßt sind, oder wenn bei chronischer Streßwirkung der Verlust die Neubildung von Nadeln ständig und erheblich übersteigt. Die letzte Erklärung läßt sich sehr gut mit den durch Versauerungsprozesse sich verschlechternden Bodenbedingungen (*Ulrich*, 1983) und der damit verbundenen immer ungünstiger werdenden Versorgung der Pflanze mit Wasser und Nährstoffen in Einklang bringen.

Auch starke männliche Blütenbildung scheint die Lamettazweigbildung zu fördern. Denn es konnte öfters beobachtet werden, daß gerade die Jahrestriebe, die schon geblüht hatten, entnadelt waren. Durch starke männliche Blütenbildung können Einbußen in der Verzweigung entstehen, so daß die Zweige schon früher ineffektiv werden. Schwächere männliche Blütenbildung, die ja vornehmlich aus den basalen und medialen Knospen von Trieben zweiter und höherer Ordnung, also mehr basiton gefördert erfolgt, beeinflußt dagegen die vegetative Verzweigung nicht (*Gruber*, 1987a; Dilling, 1987).

3.3.5. Die Lebensdauer der Fichtennadel

Über die Lebensdauer der Fichtennadel gibt es nur sehr wenige und allgemeine Beobachtungen. So sind z. B. bei *May (1894), Zederbauer (1916), Burger (1927), Münch (1928), Molisch (1929) und Wachter (1985)* Angaben über das Alter der Fichtennadel und deren Abhängigkeit von verschiedenen Faktoren gemacht. Im Rahmen der neuartigen Waldschadensdiskussion bilden jedoch die Kenntnisse über das Nadelalter eine wichtige Grundlage. Dabei wird der "Gesundheitszustand" eines Baumes am Idealbild einer voll benadelten Fichtenkrone eingeschätzt. Daß die Benadelung der Fichte nicht sehr starr ist, sondern individuell, standortsabhängig, zeitlich und ontogenetisch sehr unterschiedlich sein kann, wird leider allzu wenig beachtet. Über das Nadelalter muß daher folgendes herausgestellt werden:

- Die Lebensdauer der Nadel (***physiologisches Nadelalter***) ist nicht identisch mit dem Alter der am Zweig haftenden ältesten Nadeln (***Alter des ältesten Nadeljahrgangs***), da ja auch tote Nadeln noch lange Zeit an den Zweigen inseriert sein können. Die Lebensdauer apparativ abfallender Nadeln ist meist kürzer als das Alter des ältesten Nadeljahrgangs. Bei nicht apparativ abgelösten Nadeln ist dagegen das physiologische Alter meist noch nicht erreicht.

- Das **physiologische Alter der Nadel** am regulären und proventiven Trieb setzt sich aus dem Jahr der Primordienbildung und den Jahren der ausdifferenzierten und photosynthetisch aktiven Nadeln zusammen. Das Jahr der Primordienbildung kann deshalb wichtig sein, weil unter Umständen die Entwicklungsbedingungen in diesem Jahr Einfluß auf die Lebensdauer haben können.

- Die Anzahl der Nadeljahrgänge variiert
mit dem Baumalter (*Burger, 1927*) und
mit der Zweigordnung, sowie der Stellung des Zweiges bzw. Astes in der Baumkrone (*Burger*, 1927).
Sie nimmt mit steigender Meereshöhe zu (*Zederbauer*, 1916).
Sie hängt ab von der Exposition (*Burger*, 1927),
der Herkunft (*Cieslar 1903; Zederbauer, 1916*),
der soziologischen Stellung des Baumes (*Zederbauer, 1916; Burger, 1927*),
der Verzweigungsform
und im besonderen Maße von den klimatischen (*May, 1894; Zederbauer, 1916; Münch, 1928; Wachter, 1985*) und bodenkundlichen Standortsfaktoren ab.

Abgesehen von akuten Immissions- und biotischen Schäden dürften die Witterungsbedingungen (Niederschlag, Trockenheit, Temperatur) die größten Schwankungen bei der Benadelung der Fichte hervorrufen. Eine entscheidende Rolle spielt dabei sicherlich die "***physiologische Tiefgründigkeit***" (s. *Wiedemann*, 1923) des Bodens, der vor allem für Fichten auf Standorten mit mäßigen oder unzureichenden Niederschlägen große Bedeutung zukommen dürfte. Zu beachten ist dabei, daß die Auswirkungen von chronischem Streß auf die Benadelung jederzeit durch die standörtlich bedingten Schwankungen überlagert sein können.

Neben dem physiologischen Alter und dem Alter des ältesten Nadeljahrgangs muß noch das ***effektive (effiziente) Nadelalter*** (= durchschnittliches Nadelalter eines Zweigkomplexes mit noch effektiver Assimilatproduktion; vergl. Kapitel 3.3.3.) unterschieden werden. Dieses für das Baumwachstum wichtigste Nadelalter ist aber sehr variabel, da schon einjährige Nadeln unter Umständen nicht mehr effizient arbeiten, wie z. B. bei extremen Lamettazweigen. Darüber gibt es leider noch keine Untersuchungen.

3.4. Die Kronenreinigung der Fichte

Zur Kronenarchitektur gehört nicht nur der gesetzmäßige Aufbau durch geordnete Verteilung der Verzweigungseinheiten und die Instandsetzung bei Beschädigung, sondern auch die Reinigung der Krone von den nicht mehr effektiv arbeitenden Nadeln, Zweigen und Ästen. Darunter soll einerseits die natürliche Stammreinigung und andererseits die natürliche Ast- und Zweigreinigung verstanden werden.

Die Fichte verfügt über keinen Mechanismus der direkten Zweigablösung wie z. B. Populus oder Quercus, die teils ihren Lichthaushalt auch mittels der Absprünge regulieren können. Die Beseitigung der ineffektiven Verzweigung wird bei der Fichte passiv mechanisch gelöst, indem jeder jüngere Zweigkomplex mit den älteren um die Nährstoffe, das Wasser und das Licht konkurriert. Die Ausgliederung erfolgt dabei allmählich oder schubweise, ebenso wie die einzelnen Zweigkomplexe allmählich oder schubweise ineffektiv werden. Dabei spielt das Verhältnis Nadelmasse/Zweigmasse eines Verzweigungskomplexes und seine Stellung in der Krone eine große Rolle. Je größer dieses Verhältnis ist, desto größer ist die Effektivität des Verzweigungskomplexes. Da die ineffektiven Zweige und Äste nicht sofort aus der Krone fallen, können sie über die distal gerichtete Triebinnovation neue Nadelmasse durchaus noch einige Jahre aufbauen. Denn über die alten Transportbahnen ist ja die Versorgung noch gewährleistet. Sie wird aber durch die länger werdenden Transportwege und den Konkurrenzdruck der jüngeren Zweigkomplexe ständig schwerer. Deshalb nimmt auch jedesmal die neu hinzukommende Nadelmasse rasch ab, bis schließlich überhaupt keine Knospen des Verzweigungskomplexes mehr distal austreiben. Parallel dazu verläuft die distal fortschreitende Entnadelung, so daß im Endstadium des Ablebeprozesses nur noch nadellose Ast- und Zweigskelette in der Krone übrig bleiben. Diese werden letztlich unter der Beteiligung von Mikroorganismen (*Butin und Kowalski*, 1983, 1984) und mechanischen Einwirkungen aus der Krone beseitigt.

Bei jüngeren Fichten vollzieht sich die Kronenreinigung duch Absterben der ältesten S_1-Äste und S_2-Zweige, die von den jüngeren, plattenförmig verzweigten Ästen beschattet werden. Proventivzweige sind daran allenfalls nur in sehr geringem Umfang beteiligt, da diese gewöhnlich erst an älteren Bäumen auftreten.

An älteren Fichten können bei der Kronenreinigung auch Proventivzweige beteiligt sein. An kammförmig verzweigten Ästen treten im Überlappungsbereich zweier aufeinanderfolgender Altersserien regelrechte Beschattungsdreiecke auf. Über ein solches Beschattungsdreieck, das die entnadelten und ältesten Jahrestriebe der Zweige der jeweils älteren Serie darstellt und die Lamettazweige vom Typ I liefert (s. Kapitel 3.3.4.), liegen die voll benadelten Zweige der jüngeren Verzweigungsserie (s. **Abb. 12, 13**). Die Entnadelung wird durch die Reibung der schattenwerfenden Zweige unterstützt. In dem Maße, wie die Zweige der jüngeren Serie nachwachsen, in dem Maße entnadeln sich die Zweige der älteren Serie.

Stalfelt (1931) unterscheidet zwischen der Kronen- und der Schaftreinigung. Während er das Absterben der Äste und auch ganzer Bäume in einem Verhungern infolge der Unterschreitung des Kompensationspunktes begründet, soll das Absterben der Seitenzweige zweiter und höherer Ordnung nach seiner Auffassung durch korrelative Regulation der Jahrestriebe erster Ordnung erfolgen. Dies stimmt prinzipiell mit dem im Kapitel 4.3. dargelegten Ablösungsmechanismus der Altersserien seitlicher Verzweigung überein. Die korrelative Regulation erfolgt aber nicht allein über die 1.Trieb- ordnung, sondern über die betreffenden Zweigkomplexe selbst. Außerdem besteht eine Wechselbeziehung zwischen der Versorgung und Hormonbildung.

4. DISKUSSION UND FOLGERUNGEN

4.1. Über das Abfallen der Fichtennadeln

4.1.1. Grundsätzliche Betrachtungen

Über den Zeitpunkt des natürlichen Ablebens der Fichtennadel gibt es keine speziellen Untersuchungen. Allgemein wird der Monat des Nadelfalls auch als die Zeit des Absterbens betrachtet (*May*, 1894). Die Mechanik des Nadelfalls der Fichte zeigt, daß Absterben und Abfallen der Nadel zeitlich weit divergieren können. Deshalb kann auch nur vorausgesetzt werden, daß eine apparativ abgefallene Nadel immer schon abgestorben oder zumindest geschädigt war. Aus diesem Grund ist von der Rhythmik des Streufalls nur unter Einbeziehung der standörtlichen Dynamik auf den Ablebezeitpunkt der Nadeln zu schließen. In der Rhythmik des Streufalls spiegeln sich jedoch vor allem die klimatischen Schwankungen wider.

Streufalluntersuchungen bei der Fichte haben ergeben, daß die Nadeln das ganze Jahr über abfallen können. Wie bereits aufgezeigt (s. **Tab. 3 und Abb. 8**) und von anderen Autoren schon beschrieben wurde (*Dietrich, 1963, 1967; Reemtsma, 1964*), treten im Jahr meist zwei Maxima auf, nämlich im Herbst und im Frühjahr. Dabei kann der Nadelfall grundsätzlich endogen oder exogen bedingt sein. Während der nichtapparative Nadelfall immer exogen entsteht, kann der apparative Nadelfall auch endogener Natur sein. Endogen bedingt wäre dieser Nadelfall, wenn die Vertrocknung der Nadel über hormonelle Regulatoren, z. B. durch den Blattspurverschluß, bewirkt werden würde. Fehlte diese physiologische Regulation, dann erfolgte der Nadelfall rein exogen, wie z. B. beim abgeschnittenen Weihnachtsbaum. Dies ist ja bei der Fichtennadel aufgrund des mechanisch arbeitenden Trennungsapparates möglich (vergl. Kapitel 3.1.1.3.)

Die Nadelverfärbung (Rötung) im Herbst bzw. der apparative Herbstnadelfall kann mit dem Blattfall der sommergrünen Laubbäume verglichen werden und könnte daher endogen bedingt sein. Diese herbstliche Nadelrötung tritt meist nicht sehr auffällig in Erscheinung, da immer nur ein Teil der Gesamtnadelmasse - die ineffektive Nadelmasse - davon betroffen ist. Sie wird von den grünen Nadeln, die den Großteil der Gesamtnadelmasse stellen, weitgehend überlagert. Jedoch jeder Fichtenbestand erfährt im Herbst diese Verfärbung, und erhält dadurch einen rötlichen Schimmer. Ob die abgelebten Nadeln noch im Herbst, im Winter oder auch erst im Frühjahr abfallen, hängt im wesentlichen von den Vertrocknungsbedingungen der Nadeltrennzone ab. Ein Frühjahrsnadelfall, bei dem sich die Masse der Nadeln aus braunen und apparativ abgelösten Nadeln zusammensetzt, könnte also auch nur ein ***"verschobener Herbstnadelfall"*** sein. Auffällige Nadelverfärbungen, wie sie z. B. *Rehfuess und Rodenkirchen* (1984) beschrieben haben, sind jedoch nicht allein endogen erklärbar, sondern können nur unter dem Einfluß abiotischer und biotischer Faktoren entstehen.

Der apparative Frühjahrsnadelfall wäre als exogen zu betrachten, wenn die mehr oder weniger ineffektiven Nadeln durch den Winter oder sonstige Faktoren planmäßig abgetötet werden würden. Hingegen könnten aber auch die im Frühjahr apparativ abgefallenen, grünen Nadeln endogen abgelöst worden sein, die eine Bräunung der Blattspur an der Nadelbasis aufweisen. Solche Nadeln zeigten in den meisten Fällen diese Erscheinung. Dies könnte ein Hinweis dafür sein, daß die Bräunung einen Verschluß der Blattspur anzeigt und daß dadurch der Wassertransport zur Nadel blockiert wird und somit die Nadelvertrocknung bewirkt.

Ein Blattspurverschluß mit auffälliger Bräunung im Bereich der Trennzone wurde bereits von *Campbell und Vines* (1938) im Zusammenhang mit dem Befall von "LOPHODERMELLINA MACROSPORA (HARTIG) TEHON" beschrieben. Bei dieser als die "***Nadelröte***" bezeichneten Krankheit (*Hartig, 1874, 1900; Mer, 1910; Neger, 1924*) unterscheiden die Autoren zwischen einer Alpha- und einer Beta-form. Erwähnenswert dabei ist, daß die durch die Alpha-form infizierten Nadeln noch lange am Trieb haften bleiben, weil bei dieser Form der Infektion durch die Ausbreitung des Mycels und der Sklerotien in der Blattspur, dem Assimilationsgewebe und den Stomata eine stark reduzierte Verdunstung und demzufolge nur noch eine langsame Vertrocknung der Nadel stattfinden kann.

Wiesner (1904) bezeichnet den vermehrten Nadelfall zu Beginn des Austreibens als Treiblaubfall von rein endogener Natur. Nach Wiesner sollen die immergrünen Holzgewächse auf exogene Einflüsse wenig reagieren können. Die Deutung Wiesnes bezüglich der exogenen Unbeeinflußbarkeit des Nadelfalls trifft offensichtlich nicht zu. Hinsichtlich der endogenen Rolle ist sie aber nicht unberechtigt. Denn durch den Blattspurverschluß zu Beginn der Wachstumsaktivität könnten die Voraussetzungen für einen kontollierten Nadelfall gegeben sein. Dabei ist zu bedenken, daß bereits tote Nadeln ohne eine solche Blockade noch weiter verdunsten würden (*Burgerstein*, *1904; Neger*, *1911*) und folglich nicht sofort zum Abfallen kämen.

Der Treiblaubfall ließe sich aber auch dadurch erklären, daß zwischen den unterschiedlich alten und effektiven bzw. ineffektiven Nadeln eine besonders starke Konkurrenz um das Wasser entsteht, wenn das Wachstum und die Transpiration voll angelaufen sind.

Das Abfallen der Nadeln kann aber auch passiv und unabhängig von einem hormonell gesteuerten Blattspurverschluß erfolgen; denn der apparative Nadelfall findet auch dann statt, wenn der Zweig schon physiologisch inaktiv und die Nadel bereits tot ist (z. B. ***Weihnachtsbaumeffekt***). Dabei ist jedoch zu bedenken, daß ein Ausbleiben des Blattspurverschlusses bzw. ein Nichtabstoßen geschädigter oder funktionslos gewordener Organe zu einer unkontrollierten Verdunstung führen würde. Dies müßte zwangsläufig zu einer schnellen Vertrocknung der betreffenden Organe, Zweige und Äste oder sogar ganzer Bäume führen. Als Reaktionsnorm auf Wasserstreß und direkte Nadelbeschädigungen ist daher der Blattspurverschluß schon vor dem Abfallen der Nadel lebenswichtig.

Trotz einer gewissen Rhythmik des Nadelfalls wird die endogene Periodizität der Nadelablösung oft nicht deutlich. Der Grund dafür besteht darin, daß erstens wegen der mehrjährigen Lebensdauer der Nadel oft das physiologische Nadelalter nicht erreicht wird. Das Nadelalter kann maßgeblich durch äußere Faktoren beeinflußt werden. Zweitens hängt der Nadelfall wegen des mechanisch arbeitenden Trennungsvorgangs von den Vertrocknungsbedingungen der Nadel und damit von meteorologischen Faktoren ab. Dadurch kann es zu Verschiebungen im Fallrhythmus kommen.

4.1.2. Nadelverlust an ineffektiver und effektiver Verzweigung

Der normale apparative Nadelfall findet hauptsächlich an den ineffektiven Zweigen statt, wobei allerdings immer nur ein Teil aus der Krone herausfällt. Dieser Verlust stellt im allgemeinen für den Baum keine Vitalitätsminderung dar. In Trockenjahren wird die ineffektive Nadelmasse mehr oder weniger vollkommen aus der Krone beseitigt, in nassen Jahren dagegen wird sich überdurchschnittlich viel ineffektive Nadelmasse in der Krone ansammeln können. Bei Trockenstreß wird daher zuerst die "***parasitäre Transpiration*** " abgestellt, um dadurch die Gesamttranspiration zu drosseln. Da die Fichte nur über die träg arbeitenden mechanischen Zweigreinigungs- und Entnadelungsvorgänge verfügt, muß sie deshalb auch eine gewisse "***parasitäre Nadel- und Zweigmasse*** " in Kauf nehmen.

Die mit Ausklang des Winters häufiger auftretenden Nadelschütten, wie sie z. B. von *Klein* (1985) beschrieben werden, können in erster Linie als Entnadelungen der mehr oder weniger ineffektiven Zweige betrachtet werden. Da diese Zweige im Wettbewerb um die Nährstoffe und das Wasser aufgrund des unzureichenden Aufbaus neuer Versorgungsbahnen benachteiligt sind, können sehr leicht auch Schwächeparasiten zur Entwicklung kommen.

Münch (1928) beschreibt im Zusammenhang mit Frostschäden, daß Nadelschütten besonders auffällig sind, wenn die Fichte ihre Nadeln infolge günstiger nasser Witterung der Vorjahre ungewöhnlich lange behält. Die Fichte kann anstatt der 4 - 6 üblichen Nadeljahrgänge dann 8 - 9 Nadeljahrgänge besitzen. Nicht selten können deshalb in den unteren Lagen 4 - 5 Nadeljahrgänge gleichzeitig abfallen, besonders in einem auf mehrere nasse Jahre folgendenTrockenjahr. Dies führt zu sehr auffälligen, aber durchaus regenerierbaren Kronenverlichtungen. Wenn sich davor die Nadeln noch bräunen oder röten, sind auffällige Kronenrötungen zu beobachten (vgl. *Rehfuess und Rodenkirchen, 1984; Rehfuess und Bosch*, ,1988).

Rehfuess und Rodenkirchen (1984) beschreiben z. B. sehr auffällige und ausgedehnte Kronenverfärbungen in den Tieflagen in Süddeutschland und bezeichnen diese Fichtenerkrankung als "Nadelröte". Dazu ist zu bemerken, daß die Bezeichnung "Nadelröte" zur Charakterisierung des dort beschriebenen Symptoms nicht verwendet werden sollte, da die ursprüngliche Bezeichnung (s. *Hartig, 1874, 1900; Neger, 1924*) ein anderes Symptom beschreibt (s. *Gruber*, 1987a).

Ausgedehnte Nadelschütten im Winter werden meist als Frosttrocknis interpretiert (vergl. *Ebermayer, 1873; Schwerdtfeger, 1981; Klein, 1985, Gruber, 1987a*). Hierzu muß bemerkt werden, daß von einer Frosttrocknis an älteren Fichten nur dann gesprochen werden kann, wenn ein übermäßiger Nadelfall zunächst an der ineffektiven Verzweigung infolge eines lang andauernden Bodenfrostes bei gleichzeitig günstigen Transpirationsbedingungen stattfindet. Solange sich aber die Trocknis nicht auf die effektive Verzweigung auswirkt, kann sie nicht als nachteilig betrachtet werden. Die abfallenden Nadeln an der ineffektiven Verzweigung sind aber ein hochempfindlicher Indikator auf Trockenstreß.

Nadelverluste können des weiteren durch direkte Frostschäden verursacht werden. Oft sind diese mit einer Nadelrötung verbunden. Nach *Neger und Fuchs* (1915) liegt eine direkter Frostschaden (Spätfrost vor dem Maiaustrieb) sicherlich dann vor, wenn gerade die jüngsten Nadeljahrgänge geschädigt werden. Denn *Neger und Fuchs* (1915) konnten nachweisen, daß die jüngsten Nadeljahrgänge nach der Winterruhe früher physiologisch aktiv werden als die älteren. Nicht selten sind direkte Frost- und Trocknisschäden auch gleichzeitig am selben Individuum zu beobachten.

Der **Verlust effektiver Nadelmasse** ist immer als ein Produktionsverlust zu bewerten. Effektive Nadelmasse kann aus den verschiedensten Gründen abgetötet werden oder der Krone verlorengehen, wie z. B. durch Frost, extreme Trockenheit, Nährstoffmangel, durch mechanischen Abriß oder Verletzungen der Kutikula, aber auch durch biotische Faktoren, tierische und anthropogene Einflüsse.

Schwierig ist die Beurteilung, ob und in welchem Ausmaß ein Verlust an effektiver Nadelmasse vorliegt, wenn keine spontanen Beschädigungen in der Krone aufgetreten sind. Denn die Effektivitätsgrenze ist keine Normgröße und läßt sich auch nicht mit einem bestimmten Nadelalter oder Nadeljahrgang gleichsetzen, sondern variiert innerhalb der Krone von Ast zu Ast, von Zweig zu Zweig und zwischen den Individuen eines Standortes.

Noch schwieriger ist die Frage, inwieweit die natürliche standörtliche Effektivität eines Bestandes (= durchschnittliches effektives Zweig- und Astalter) durch anthropogene Maßnahmen, z. B. durch Immissionen, herabgesetzt ist. Stärkere Verschiebungen in der Benadelung können nur infolge von akuten Streßsituationen entstehen. Bei chronischem Streßeinfluß muß ein solcher mit konstanter und einer mit steigender Dosiswirkung unterschieden werden. Bei einer auf Dauer konstanten Dosiswirkung hat der Baum durchaus die Möglichkeit, sich der veränderten Standortssituation anzupassen. Die Effektivitätsgrenze würde sich auf ein anderes Niveau einpendeln und der Ausfall an Individuen würde gering bleiben. Bei einer auf Dauer steigenden Dosiswirkung, welche jederzeit ein sich verschlechtender Boden darstellt, ist die Anpassungsfähigkeit begrenzt. Mit zunehmender Zeit unterschreiten dann immer mehr Individuen die Effektivitätsgrenze, was zwangsläufig zu einem ständig wachsenden Ausfall an Individuen führt. Eine Antwort auf die zuvor gestellte Frage kann daher nur im Zusammenhang zwischen Baumwachstum, Bodenzustand und exogenen Einflußfaktoren gegeben werden. Dafür sind aber Dauerbeobachtungsflächen mit fest installierten Meßstationen Voraussetzung.

4.3. Benadelung und Zuwachs:
Das Prinzip der variablen Effektivität der Nadelmasseeinheit

Zwischen der Krone und dem Zuwachs besteht eine enge Korrelation: Je größer die Krone und die Nadelmasse, desto größer ist die Assimilationsleistung und damit der Zuwachs.

Schon *Hartig* (1896, 1898) stellte fest, daß die Assimilationsleistung der Nadelmasse vom Standort abhängt. Eine Einheit Nadelmasse ist auf unterschiedlichen Standorten unterschiedlich produktiv.

Vanselow (1951) demonstrierte, daß während eines Baumalters der Derbholzzuwachs nicht proportional zum Nadelfrischgewicht wächst, sondern daß die Kurve zunächst überproportional ansteigt und dann von einem gewissen Alter an sich unterproportional forstsetzt (Abb. 21). Im Wendepunkt der Kurve arbeitet also die Gesamtnadelmasse besonders ökonomisch.

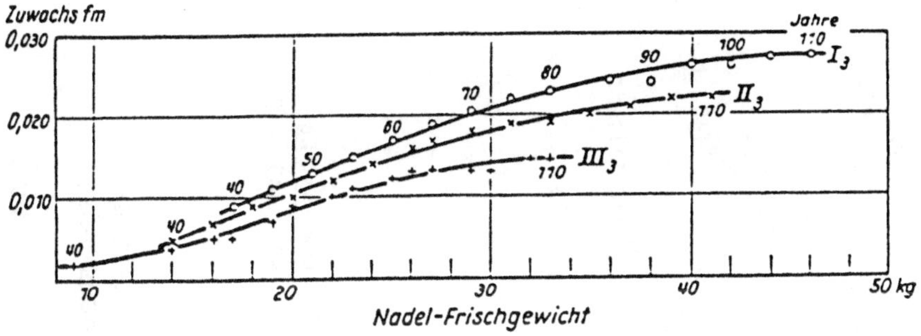

Abb. 21: Nadelfrischgewicht, Derbholzzuwachs und Alter bei verschiedenen Ertragsklassen (aus Vanselow, 1951)

Fig. 21: *Needle fresh weight, solid volume increment and age of different yield classes*

Um die Produktivität einer Einheit Nadelmasse richtig abschätzen zu können, reicht es aber nicht aus, nur den Derbholzzuwachs zu kennen, sondern es muß die gesamte Biomasseproduktion, d. h. auch der Zuwachs der Wurzel und des Reisigs, mit einbezogen werden. Für die Vanselowschen Beziehungen muß daher vorausgesetzt werden, daß sich die relative Assimilatverteilung auf den Derbholz-, dem Reisig- und dem Wurzelmassezuwachs mit variierendem Baumalter und wechselndem Standort wenig ändert.

Anhand der Zahlenangaben von *Vanselow* (1951) läßt sich die Assimilationsleistung (Zuwachs an Derbholz pro Einheit Nadelmasse) in Abhängigkeit vom Baumalter (**Abb. 22a**) und vom Nadelfrischgewicht graphisch (**Abb. 22b**) darstellen. Daraus wird einerseits ersichtlich, daß die Assimilationsleistung bis zum Alter von 70 (bei I_3) bzw. 75 (bei II_3) ansteigt und dann wieder absinkt. Andererseits wird deutlich, daß von einer Einheit Nadelmasse auf dem besseren Standort eine höhere Produktivität erzielt wird als auf dem schlechteren. Dies besagt, daß sich mit zunehmendem Baumalter bzw. steigender Baumhöhe die Effektivität einer Einheit Nadelmasse ändert. Das beruht in erster Linie auf den zunehmend länger werdenden Transportwegen und auf der allmählichen Verlagerung des Zuwachses in die Krone. Solange der Neuzugang der effektiven Nadelmasse den der ineffektiven übertrifft, solange steigt die Assimilationsleistung pro Einheit Nadelmasse (**Abb.**

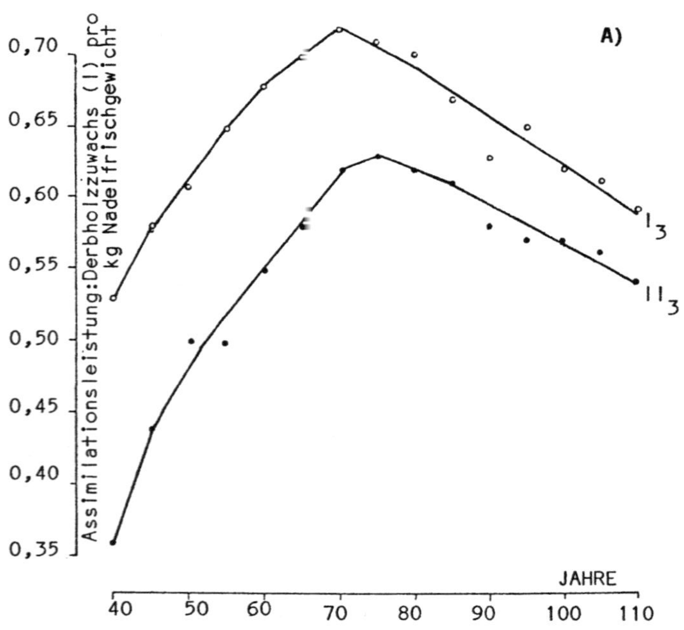

Abb. 22A: Beziehung zwischen Assimilationsleistung, Baumalter und Ertragsklasse

Fig. 22A: *Relation between assimilation yield, tree age and yield class*

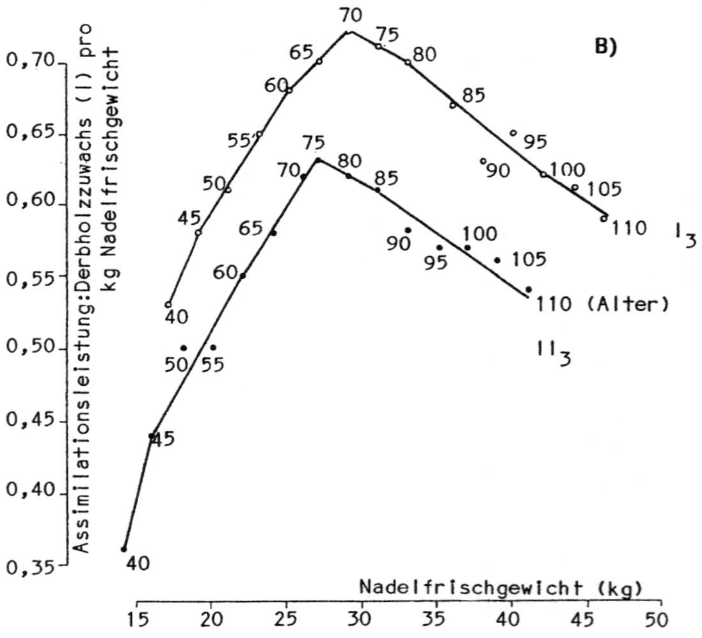

Abb. 22B: Beziehung zwischen Assimilationsleistung, Nadelfrischgewicht und Ertragsklasse

Fig. 22B: *Relation between assimilation yield, needle fresh weight and yield class*

<u>**22B**</u>). Das Maximum der Assimilationsleistung wird im Gleichgewicht beider Neuzugänge erreicht. Schon ein Nadelalter (wird hier mit durchschnittlich 6 Jahren angenommen) nach Erreichen des Maximums der Assimilationsleistung ist das Gleichgewicht zwischen der effektiven und ineffektiven Gesamtnadelmasse etwas unterschritten, so daß im Alter von 76 bzw. 81 die Kronen mindestens zur Hälfte aus ineffektiver Nadelmasse bestehen.

Aus <u>**Abb. 22B**</u> geht ferner hervor, daß die Assimilationsleistung der effektiven Nadelmasse vom Standort abhängt. Der Modellbaum auf dem Standort I_1 leistet im Alter 76 ca. 1,4 Liter Derbholz pro Kilogramm effektiver Nadelmasse, der auf II_3 bei gleichem Alter aber etwa nur 1,26 Liter.

Nun gilt das Prinzip der variablen Effektivität der Nadelmasseeinheit nicht nur für gesamte Kronen, sondern innerhalb einer Krone auch für jeden Verzweigungskomplex. Abgesehen vom Standort hängt dies in erster Linie von der Größe des jeweiligen Verzweigungskomplexes, seiner Benadelung, seinem Alter und seiner Stellung in der Krone ab. So kann z. B. die Höhe des Effektivitätsbeitrages eines Astes wesentlich von der Dynamik der Proventivtriebbildung abhängen. Zum Beispiel sind die unteren grünen Äste der Baumkrone, die wie die Lamettazweige (Typ I, s. Kapitel 3.3.4.) ihr Dickenwachstum früher einstellen als ihr Längenwachstum, ein Teil der ineffektiven Gesamtverzweigung.

Grünästungsversuche von <u>*Hartig*</u> *(1900),* <u>*Mitscherlich und Gadow*</u> *(1968) und* <u>*Kramer*</u> *(1976)* können als Beweis für die Existenz der ineffektiven Verzweigung in der Fichtenkrone angesehen werden. Denn nach *Kramer* (1976) beeinträchtigen z. B. 20 %-ige Kronenreduzierungen den Durchmesserzuwachs nicht. Nun gehören nicht nur die älteren Äste, sondern auch die älteren Zweige der jüngeren Äste zur ineffektiven Verzweigung (vergl. <u>**Abb. 18, 19**</u> und s. Kapitel 3.3.3.).

Wenn nun zwischen dem Kronenzustand (Einschätzung der Nadelverluste in Prozent eines voll benadelten Baumes) und dem Zuwachs nicht immer eindeutige Beziehungen aufzustellen sind (s. <u>*Schweingruber*</u>*, 1983;* <u>*Startmann*</u>*, 1985;* <u>*Kramer und Athari*</u>*, 1985;* <u>*Kramer*</u>*,1986*) kann dies an den unterschiedlich hohen Anteilen der effektiven und ineffektiven Nadelmassen liegen. Außerdem kann eine wirkliche

Beziehung nur zwischen der vorhandenen effektiven Nadelmasse und dem Gesamtbiomassezuwachs bestehen. Hingegen braucht z. B. ein 20 %-iger Nadelverlust, wenn dieser nur aus ineffektiven Nadeln besteht, überhaupt keine Zuwachseinbußen zur Folge haben. Daß dennoch solche ineffektiven Zweigkomplexe eine gewisse Bedeutung für den Gesamtstoffkreislauf in einem Ökosystem haben, darf dennoch nicht unbeachtet bleiben.

4.3. Die Aktivierung von Proventivknospen und die sukzessive Serienbildung seitlicher Verzweigung

Wenn schon im oberen Kronenteil einer gesund erscheinenden Fichte an den älteren Hauptästen proventive Innovationstriebe gebildet werden (s. Kapitel 3.3.1.), dann ist dies ein Hinweis dafür, daß dadurch allmählich eine ineffektiv werdende Verzweigung frühzeitig abgelöst und ergänzt wird. Die proximal erfolgende Triebinnovation setzt um so früher ein, je ungünstiger sich die distal gerichtete Triebinnovation ausbildet.

Als physiologischer Kontrollmechanismus, der die Aktivierung der Proventivknospen und damit die Serienbildung regelt, ist ein hormonell gesteuerter, korrelativer Wachstums- und Hemmungsmechanismus denkbar, der einerseits mit der Menge der von den davorgeschalteten Zweigen produzierten Assimilaten und Hemmhormonen gekoppelt ist und andererseits von der Qualität und Quantität der zugeführten Nährstoffe, Wachstumshormone und der Wasserversorgung abhängt. Sobald ein unterer Schwellenwert (Aktivierungsgrenze) erreicht ist, wird die Proventivknospe aktiviert (Schwellung der Proventivknospe) und eine neue Verzweigungsserie wird im Folgejahr durch einen "proventiven Starttrieb" eingeleitet (**Abb. 23**). Der weitere Verlauf des Wachstums und der Verzweigung wird dann über die Konkurrenz um die Nährstoffe, das Licht und das Wasser geregelt, wobei die älteren Zweige einer Serie immer den jüngeren unterliegen. Für die Aufhebung der Hemmkorrelation spricht, daß die Proventivtriebe anfangs orthotrop orientiert wachsen und auch sehr kräftige Triebe bilden können. In machen Fällen können sich daraus sogar senkrecht wachsende Verzweigungskomplexe entwickeln, die kleinen Bäumchen gleichen oder echte proventive Ersatzgipfel darstellen.

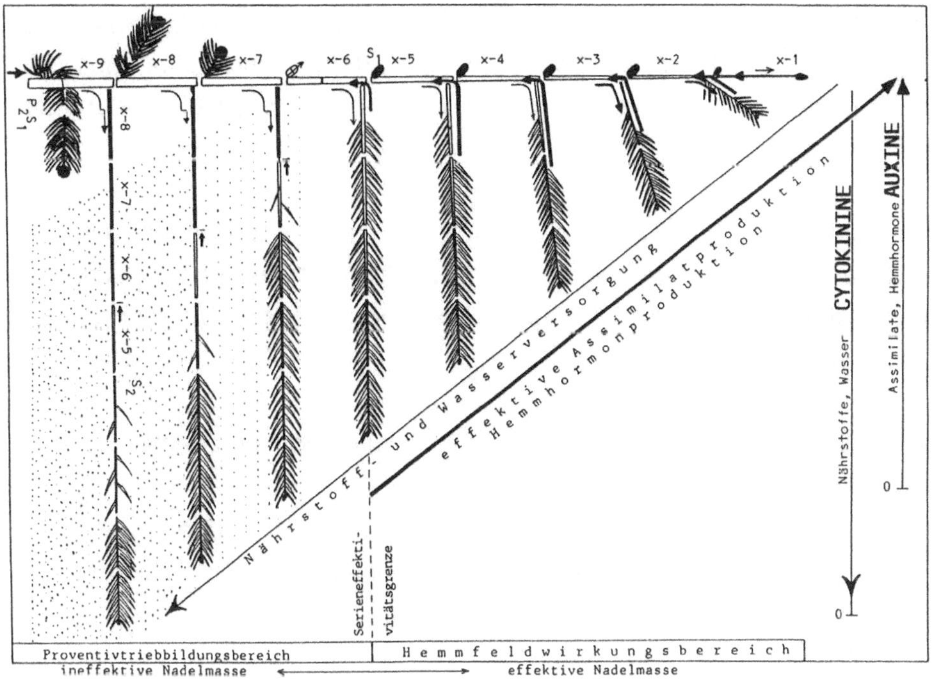

Abb. 23: Modell über die Unterdrückung bzw. Aktivierung der Proventivknospen durch das Zusammenspiel von Cytokininen (Wachstumshormon) und Auxinen (Hemmhormon)

Fig. 23: *Modell about suppressing resp. activating of proventitious buds due to the interactions of cytocinins and auxins*

Allgemein kann bei der Kontrolle unterdrückter Knospen angenommen werden, daß die in den Spitzenmeristemen der Triebe erzeugten Auxine die Triebbildung verhindern, während die in den Spitzenmeristemen der Wurzel erzeugten Cytokinine die Triebbildung fördern (*Sachs und Thimann, 1967; Philips, 1975*). Möglicherweise entscheidet das Verhältnis der an den Knospen anliegenden Cytokinin-Auxin-Relationen über deren Aus- oder Nichtaustreiben. Nach *Leopold und Kriedemann* (1975) bedingen Langtage und hohe Stickstoffversorgung eine erhöhte Cytokininproduktion. Dies würde eine Förderung der Proventivtriebbildung bedeuten.

Mittles der Auxin-/Cytokinin-Theorie lassen sich alle Triebdifferenzierungen vom freien Wachstum über die Prolepsis bis hin zur Proventivknospe bzw. zum Proventivtrieb in Abhängigkeit von der Transportweglänge und den Umweltbedingungen sehr gut erklären.

Als auslösende Faktoren der Proventivtriebbildung kommen demnach grundsätzlich folgende in Betracht:

- Alterung (allmähliches Ineffektivwerden) von Zweigen,
- abiotische und biotische Schädigung und Verlust von effektiver Verzweigung und Nadelmasse,
- Schwächung effektiver Zweige durch Blütenbildung und exogene Faktoren wie z. B. Frost oder Trockenheit, aber auch
- vermehrter Lichteinfall,
- erhöhte Wurzelaktivität und
- verbesserte Nährstoff- und Wasserversorgung.

4.4. Verlichtung und Regeneration der Fichtenkrone

Die Verlichtung der Fichtenkronen wird neben den Verfärbungserscheinungen als ein wesentliches Symptom neuartiger Waldschäden betrachtet (s. *Allg. Forstz.-Farbbildhefte 1984*: "Zum Erkennen..." und "Zur Diagnose..."). Kronenverlichtungen können sehr unterschiedlich zustande kommen. Zum einen können sie akut oder chronisch verlaufen, zum anderen durch überdurchschnittlich hohe Nadelverluste oder mangelnde Verzweigung entstehen. Während hohe Nadelverluste (Nadelschütten) meistens auf einen spontan eingetretenen Schaden hinweisen, verrät eine mangelnde Verzweigung meist einen chronischen Streß.

Für eine kausale Differentialdiagnose sind Symptome, die verschiedenartig enstehen können, ungeeignet. Es müssen aus diesem Grund zumindest Beobachtungen über die Entstehung der jeweiligen Symptome mit einbezogen werden. Besonders wichtig ist in diesem Zusammenhang das Regenerationsverhalten eines Baumes. Denn daraus wird oft erst die "Ernsthaftigkeit oder Harmlosigkeit " eines Symptoms erkennbar.

Aufgrund ihrer Verzweigungsstruktur besitzt die Fichte durch die Proventivtriebbildung eine ***ausgeprägte Kronenregeneration*** . Unter den natürlichen Bedingungen (Standort, Aufwuchs, Herkunft) ist sie damit in der Lage, extreme klimatische und biotische Schäden zu überwinden. Beispielsweise soll nach *Pechmann* (1958) erst ein Verlust von 60 % - 70 % der Gesamtnadelmasse für die Fichte letal sein.

Nebenbei sei noch erwähnt, daß auch die Douglasie (PSEUDOTSUGA MENZIESII, FRANCO) und die Tanne (ABIES ALBA, MILL.) über die Proventivtriebbildung wie die Fichte ein ähnlich hohes, die Lärche (LARIX DECIDUA, MILL.) über die Kurz-/Langtriebbildung ein unübertroffenes Regenerationsvermögen besitzen.

In der ABBILDUNG 24 ist am Beispiel einer Kammfichte die Entwicklung der Benadelung und Verzweigung unter chronischem und akutem Streß bei regenerationsfähigen und nicht regenerationsfähigen Kronen dargestellt.

Unter ***chronischem Streß*** entstehen die Kronenverlichtungen nicht nur durch

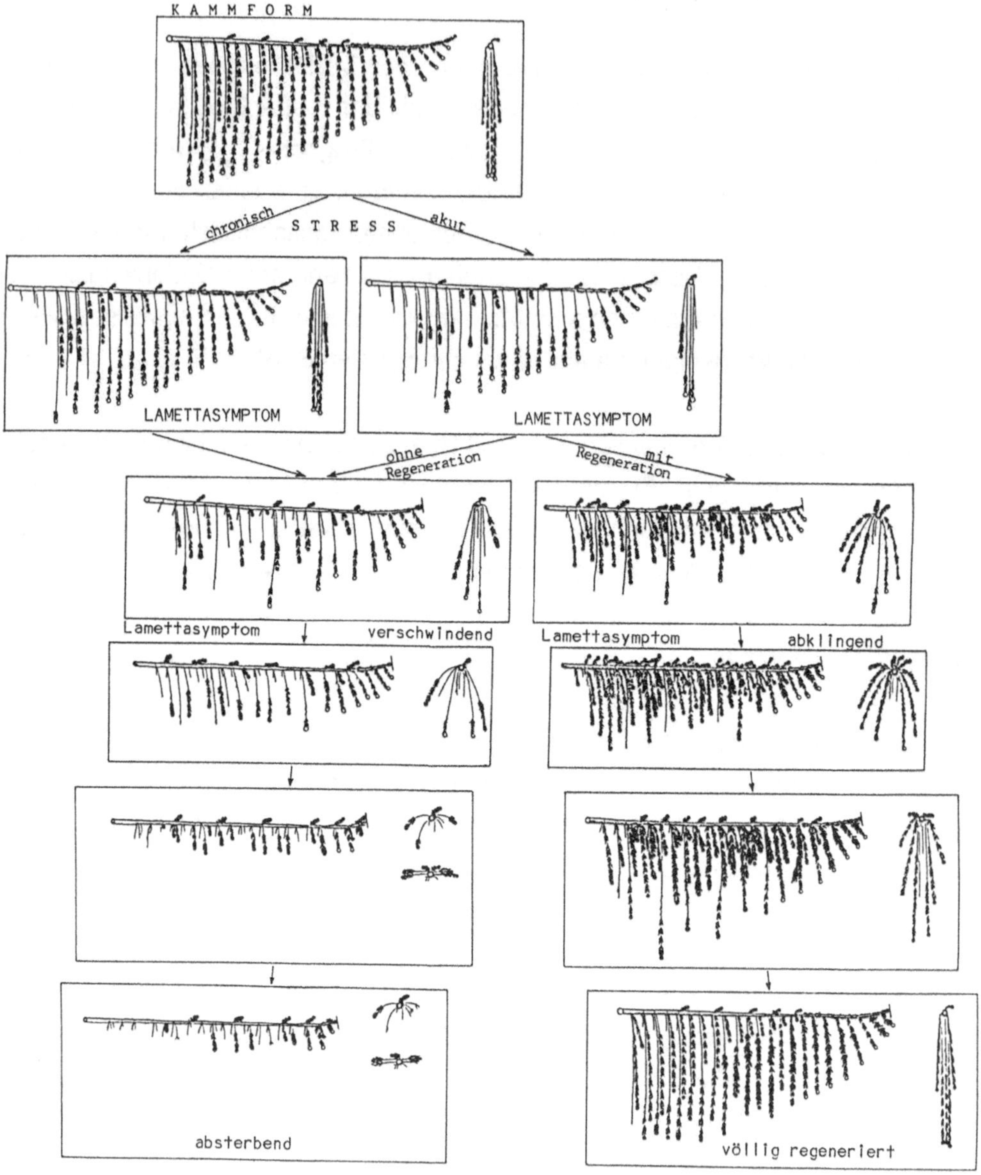

Abb. 24: Schema über die Veränderung der Benadelung und Verzweigung durch chronischen und akuten Streß mit und ohne Regeneration am Beispiel der Kammfichte

Fig. 24: *Diagramm showing the changes of foliation and branching due to chronic and acute stress with and without regeneration for example on a comb spruce*

den allmählichen Rückgang der Anzahl der Nadeljahrgänge, sondern auch durch die sich verschlechternde Verzweigung, vor allem im Innern der Krone. Dies beruht insbesondere auf dem Ausbleiben oder der unzureichenden Proventivtriebbildung, so daß die Äste auf ihren älteren Teilen mehr und mehr kahl werden. Sofern dies nicht durch die Beschattung aufgrund der Verzweigungsform oder der soziologischen Stellung des Baumes bedingt ist, muß eine mangelhafte Regenerationsfähigkeit angenommen werden.

Bei den Auswirkungen von **akuten Streßeinflüssen** auf die Kronen müssen solche unterschieden werden, die regenerationsfähig und nicht mehr regenerationsfähig sind. Die Regenerationsfähigkeit hängt dabei weitgehend von der Höhe des Initialschadens ab. Aber auch individuelle und standörtliche Unterschiede spielen dabei eine Rolle.

Eine üppige Proventivtriebbildung - sie ist am Beispiel der Kammfichte daran zu erkennen, daß auch die Äste auf ihren älteren Teilen mit einem dichten Besatz von grünen Zweigen versehen sind - deutet auf einen großen Stoffumsatz in der Krone hin. Dazu ist aber ein intaktes Aufnahme- und Transportsystem Voraussetzung (*Gruber*, 1987a). Es ist daher unwahrscheinlich, daß solche Fichten durch stärkere und ständige Wurzelschäden gestört sind oder unter chronischem Streß leiden. Vielmehr ist dies ein Hinweis auf akute Kronenbeschädigungen durch mechanische oder biotische Belastungsfaktoren. Allenfalls ließe sich eine üppige Proventivtriebbildung noch mit periodisch erfolgenden immissionsbedingten Streßereignissen, die direkt auf die Kronen einwirken, in Einklang bringen. Chronische Immisionschäden hingegen müssen eine allmähliche Kronenverlichtung mit abnehmender Regenerationsfähigkeit nach sich ziehen.

Oft werden bei dem Phänomen der Proventivtriebbildung die nicht wertneutralen Begriffe "Angsttrieb, Nottrieb, Streßtrieb" oder ähnliche verwendet (s. *Büsgen und Münch, 1927; Schütt, 1983, 1984; Liedeker et al., 1988*). Diese Bezeichnungen sollten aus folgenden Gründen vermieden werden: Proventivtriebe entstehen nicht nur bei Beeinträchtigungen und Beschädigungen der Krone, sondern auch unter plötzlich verbesserten Wachstumsbedingungen, wie z. B. bei erhöhtem Lichteinfall (Randeffekt). Darüber hinaus treten mit zunehmender Kronenausdehnung (Alter des Baumes) mehr und mehr Proventivtriebe ganz regulär auf. Außerdem ist die Proventivtriebbildung auch unter ganz natürlichen Stressoren, wie hoher Windeinfluß, Hagel, Frost, Eisanhang, Kalamitäten etc. die zwingende Notwendigkeit zum Überstehen solcher immer wiederkehrenden Schäden. Die Proventivtriebbildung bei der Fichte ist deshalb und vor allem in ihrem natürlichen Verbreitungsgebiet ein ganz normaler Vorgang. Dies konnte auch auf einer Studienreise im August 1987 in den Julischen Alpen in Jugoslawien (Pokljuka-Plateau) beobachtet werden. Dort konnte an älteren gesund aussehenden Fichten auf autochthonen Standorten mit sehr geringer Immissionsbelastung (Meßdaten am "Institut za Gozdno in lesno gospodarstvo", 1987) das gleiche Verhalten hinsichtlich der Proventivtriebbildung festgestellt werden, wie es bereits in Kapitel 3.3.1. beschrieben ist.

Bei der Quanitfizierung der Proventivtriebe kann allein an ihrem gehäuften Auftreten nicht auf ein destabilisiertes Ökosystem geschlossen werden. Die Häufigkeit ist aber ein Maß der direkten exogenen Belastung. Sie ist unter Einbeziehung der Triebgöße ein Maß der Regenerationskraft des Baumes. Eine gute Regenerationskraft kann im Gegensatz zu einer schlechten mit einem chronischen Krankheitsverlauf nicht im Zusammenhang stehen.

Das bei den "neuartigen Waldschäden" weit verbreitete Verlichten der Kronen "von innen heraus" (s. _Schütt_, 1984) ist daher mit auf eine ***mangelnde Proventivtriebbildung*** zurückzuführen. Eine mangelhafte Verzweigung der Krone deutet neben fallweise nicht ausschließbaren genetischen Unterschieden immer auf die schlechte Versorgung der Krone mit Wasser oder/und Nährstoffen hin. Eine plausible Erklärung hierfür und unter anderem auch für akute Schäden läßt sich durchaus mit der Versauerungshypothese der Göttinger Schule (_Ulrich_ ,1988, 1989; _Matzner et al._ ,1984) in Einklang bringen. Es läßt sich folgende plausible Erklärung des vermehrten Ausfalls und der häufigen Kronenverlichtungen bei der Fichte finden: Durch Säuredeposition kommt es demnach zu einer im Boden allmählich von unten nach oben fortschreitenden Versauerungsfront, die die Feinwurzeln zum Absterben bringt. Dies hat einen Rückzug der Feinwurzeln aus den tieferen Bodenschichten zur Folge und bewirkt eine allmähliche Verflachung des Wurzelsysteme. Dadurch wird die Bestandesstabilität mehr und mehr gefährdet, insbesondere durch Wind und Trockenheit.

4.5. Die Verzweigungsstrategie der Fichte aus ökologischer Sicht

Aufgrund ihrer Standortsgebundenheit können die Gehölze ungünstigen Situationen nicht ausweichen. Folglich müssen sie die Fähigkeit haben, sich den dynamischen Prozessen der Umwelt vielfältig anpassen zu können. Dies kann einerseits durch ihre jeweils spezifische physiologische Reaktionsnorm, andererseits aber auch durch Änderungen morphologischer Eigenschaften - über die ***Plastizität des Kormus*** - erfolgen. Zu letzterem zählt als wesentliches Element die Verzweigung Trieb- und Blattdifferenzierung.

Die Fichte durchläuft grundsätzlich ***drei Triebbildungsphasen*** , die zum einen als Anlagen genetisch determiniert sein müssen. Zum anderen entscheiden aber oft erst die Umweltbedingungen darüber, ob, wie und in welchem Ausmaß diese Triebbildungen realisiert werden. Dies sind die Triebbildungen sofort aus ***aktiven Meristemen oder Embryonalknospen*** (= alle Entwicklungsstadien zwischen aktivem Meristem und Winterknospe: alle Triebbildungen, wie Prolepsis, Früh-, Spätprolepsis, freies, neoformiertes Wachstum, Syllepsis werden hier dazugezählt), aus ***Regulärknospen*** (= Winterknospen: Regulärtriebe, Frühjahrstriebe, primäre Triebe, gebundenes, bestimmtes präformiertes Wachstum) und ***Proventivknospen*** (Proventivtriebe, sekundäre Triebe, unbestimmtes präformiertes Wachstum) (s. Gruber, 1986, 1988a).

In Bezug auf die ***reguläre Triebbildung*** mit alljährlicher Knospenbildung sind die Triebbildungen sofort aus Meristemen und Embryonalknospen als ***vorzeitig*** (antizipiert bzw. proleptisch; s. Roßmäßler), solche aus Proventivknospen als ***nachzeitig*** zu bezeichnen.

Betrachtet man jedoch die Trieb- und Blattdifferenzierung von der Morphogenese aus, d. h., von der Zeitdauer zwischen Anlage und Differenzierung (***Phyllochron***), so lassen sich die Differenzierungen nach einem biologischen und auf die Ausbreitungsstrategie des Gehölzes ausgerichteten Begriffssystem charakterisieren:

Die Trieb- oder Blattdifferenzierung unmittelbar aus Meristemen oder Embryonalknospen wird hier als ***neoformierte Triebbildung*** bezeichnet. Sie kennzeichnet keine oder nur eine kurze Zeitdauer zwischen der Anlage der Primordien und ihrer Differenzierung. Die ***Anlage und Differenzierung erfolgt hierbei immer in derselben Vegetationsperiode.*** Die Regulation verläuft dabei verhältnismäßig schnell, weshalb auch sehr lange Triebe mit vielen Nadeln differenziert werden können.

Bei sofortiger Differenzierung der Anlagen in Assimilationsorgane ist die Bezeichnung ***neoformierte Triebbildung 2*** (freies Wachstum, Syllepsis, Frühprolepsis) sinnvoll; da die ersten differenzierten Blattorgane keine (sterilen) Knospenschuppen sind, fehlen demzufolge auch die Knospenschuppen und die Triebbasisrillen an der Triebbasis.

Trieb- und Blattdifferenzierungen mit kürzerer Zeitdauer zwischen Anlage und Differenzierung oder Differenzierungen, bei denen zuerst Knospenschuppen und darauf Assimilationsorgane gebildet werden, werden als ***neoformierte Triebbildung 1*** (Prolepsis, Johannistriebe, Spätprolepsis) definiert. Bei den Baumarten, die Knospen mit mehreren oder vielen (sterilen) Knospenschuppen bilden, sind daher auch Knospenschuppen an der Triebbasis zu finden.

Bei der regulären Triebbildung hingegen liegt zwischen der Anlage der Primordien und ihrer Differenzierung immer eine Winterperiode (***präformierte Triebbildung 1***). Die Regulation der Differenzierung erfolgt dabei zwar regelmäßig aber langsamer, weshalb die Trieblänge und die Anzahl der Nadeln abnimmt. Mit zunehmender Erschwernis der Regulation (wachsender Transportweglänge zwischen Wurzel- und Sproßmeristemen) nimmt die Trieblänge und die Anzahl der differenzierten Nadeln pro Zeiteinheit ab.

Bei der proventiven Triebbildung, bei der mindestens zwei Winterperioden zwischen Anlage und Differenzierung liegen (***präformierte Triebbildung 2***), wird die Zeitdauer zunehmend länger und unregelmäßiger und unbestimmter, je länger die Transportwege werden. Aus diesem Grund bilden sich kurze Triebe und letztlich Proventivknospen (und ***proventive Starttriebe*** : vergl. Abb. 12).

Dadurch wird sehr deutlich, daß sich mit der Ausdehnung der Fichtenkrone, also mit wachsender Transportweglänge zwischen Wurzel- und Sproßpol, die Zeitdauer (Phyllochron) zwischen der Anlage und Differenzierung der Blattprimordien und parallel dazu die Triebmorphologie ändert.

Die ABBILDUNG 25A zeigt, wie sich die Fichte bei optimalen bzw. konstanten Wachstumsfaktoren verzweigt. Der Keimling bildet über seinen Kotyledonen häufig keine Winterknospe, sondern entwickelt aus der Plumula sofort einen frühproleptischen Terminaltrieb. Diese "***plumulare Prolepsis*** " (s. Gruber, 1986) wird von anderen Autoren auch als "*free growth* " (*Jablanczy, 1971; Pollard and Logan, 1974*) bezeichnet. Hinterher verzweigt sich der Sämling rhythmisch, indem jedes Jahr aus den Winterknospen Regulärtriebe gebildet werden. Diese Regulärtriebe, insbesondere die Terminaltriebe, können im gleichen Jahr aus ihren obersten Meristemen oder Knospen nochmals, also proleptisch (früh- und spätproleptisch), austreiben, was dann zusammen jeweils einen *gemischten Jahrestrieb* ergibt. Die verschiedenen Muster der Prolepsis, die bei der Fichte nur im Jugendstadium auftreten, wurden von Gruber (1986, 1988) ausführlich beschrieben. Solange diese vorzeitigen Triebbildungen nicht infolge eines Kronenschadens, also traumatisch, entstehen, sind sie als adaptiv bedingt einzustufen und verraten günstige Wachstumsbedingungen. Sie treten zeitlich etwa bis zum Kulminationspunkt des Höhenwachstums auf, sind aber nicht direkt zyklophysisch bestimmt (s. Gruber, 1988a, b). Danach sind proleptische Triebbildungen nicht mehr zu beobachten. Ihr Verschwinden mit zunehmenden Baumalter muß ebenso wie die Abnahme der Trieblängen als Adaption an die wegen der zunehmenden Transportweglängen ungünstiger werdenden Versorgungs- und Regulationsbedingungen betrachtet werden (vergl. *Assmann*, 1961). Solange also die Transportwege verhältnismäßig noch nicht zu lang sind - die Regulation und Informationsübertragung zwischen Wurzel und Sproß also noch relativ rasch erfolgen kann - und sich die Jahrestriebe optimal entwickeln, kann die reguläre Verzweigung zusätzlich durch proleptische Triebe vergrößert werden (***gemischte Triebe***). Diese neoformierte Wachstumsweise muß ökologisch als "***Strategie der schnellen Raumeroberung*** " durch rasche Kronenausdehnung betrachtet werden (***rasche Exploration***). Außerdem wird sie nach Beschädigungen zur ***schnellen Regeneration*** eingesetzt.

Nach der Prolepsisphase dominiert die Regulärtriebphase (Präformation 1). Sie dient dazu, die Kronenausdehnung zu maximieren ("***Strategie der Expansions-***

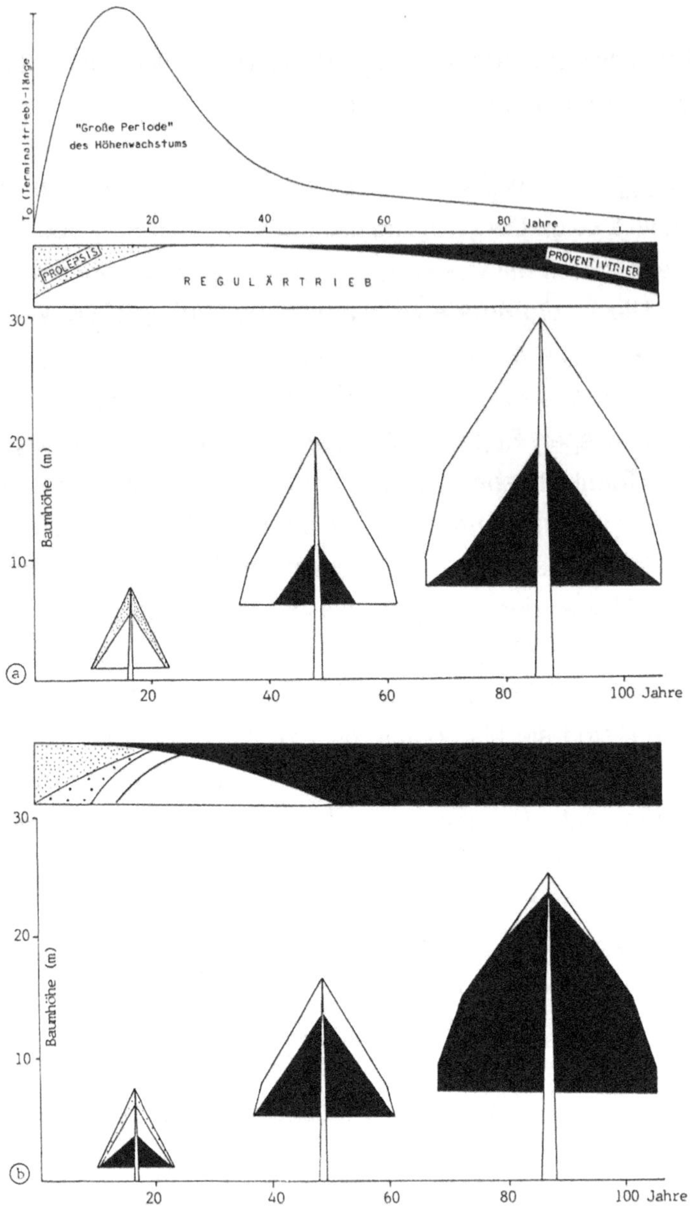

Abb. 25: Schema über die Verzweigungsweise der Fichte mittels der Triebbildungsarten (Prolepsis, Regulär-, Proventivtrieb) in Abhängigkeit von der Baumhöhe (Transportweg), Baumalter und mechanischer Belastung
a) weitgehend ohne Belastung, b) unter starker Belastung

Fig 25: *Diagram showing the use of shoot formation (proleptic, regular, proventitious shoot) dependent upon tree heigth (transport distance), tree age, and mechanical stress*
a) without stress, b) under strong stress

maximierung"). Dies geschieht allmählich, da in dieser Phase die Trieblängen schon langsam abnehmen. Über die reguläre Triebbildung wird das Kronengerüst (Stamm und Äste) aufgebaut. Auch nach Verletzungen und Beschädigungen in der Krone werden umorientierte Regulärtriebe zur Regeneration eingesetzt. Ein klassisches Beispiel ist die von *Münch* (1938) beschriebene "Ersatzgipfelbildung".

Während dieses Aufbaus setzt schon die Proventivtriebbildung ein. Sie stattet die Krone im Innern mit effektiver Verzweigung und Nadelmasse aus, solange dies nicht durch Lichtmangel verhindert wird. Dadurch wird in der Krone dauernd eine hohe effektive Nadelmasse gehalten. Mit zunehmendem Baumalter und Kronen-
ausdehnung wächst der Anteil an proventiver Triebbildung, da immer mehr Zweige immer früher ineffektiv werden. Außerdem werden durch die proximal erfolgende Triebbildung die Innovationstriebe auf den Hauptachsen zurückverlegt. Dadurch werden übermäßig lange Transportwege aktiv verkürzt oder vermieden. Dieses Zurückversetzen der jungen Triebe (proximal erfolgende Triebinnovation) könnte unter Umständen auch eine Reaktion auf Wasserstreß bedeuten. Nach Abschluß der Kronenraumeroberung dominiert die proventive Triebbildung. Sie ist dann meist nur noch die einzige Möglichkeit, die Krone grün zu halten. Darüber hinaus wird über diese präformierte Triebbildung (Präformation 2) gewährleistet, daß der einmal eroberte Kronenraum nachhaltig gesichert und optimal ausgenutzt wird ("***Strategie der Kronenraumbehauptung und Exploitation***"). Die Proventivtriebphase kann sehr lange dauern. Erst dadurch können die Bäume z. B. uralt werden.

Durch Veränderungen der Umweltfaktoren kommt es nun zu zeitlichen Verschiebungen in der gesetzmäßigen Abfolge der aufgezeigten Verzweigungsphasen (s. **Abb. 25b**) und zu morphologischen Veränderungen. Dabei muß zwischen den für das Wachstum günstigen und ungünstigen, akuten und chronischen Streßeinflüssen unterschieden werden.

Innerhalb eines bestimmten ontogenetischen Stadiums bewirken günstige Wachstumsfaktoren eine Verschiebung in Richtung Neoformation 2, ungünstige eine in Richtung Präformation 2, d. h., einer relativ erhöhten Bildung von Proventivknospen und einer geringeren Bildung von Regulärtrieben. Es kommt dadurch zu einer Verarmung der Verzweigung in der Krone. Chronische Streßeinflüsse bedingen ebenfalls eine Verschiebung in Richtung Präformation 2, was phänologisch oft mit dem sehr unspezifischen Terminus "**vorzeitige Seneszenz**" umschrieben wird, der hierin aber durchaus eine vernünftige Erklärung findet.

Unter akuten Streßeinflüssen mit Regenerationsmöglichkeit ***"reiteriert "*** die Krone ihre Verzweigung, indem sie vermehrt Triebe aus Proventivknospen differenziert. Diese Aktivierung der Proventivknospen bedeutet aber im Vergleich zur fortgesetzten distal gerichteten Triebinnovation eine Verkürzung des gesamten Transportsystems und ist daher mit einem entsprechend jüngeren ontogenetischen Stadium des Baumes vergleichbar. In der weiteren Verzweigungsfolge der neu gebildeten proventiven Starttriebe werden dann auch entsprechend lange und viele Triebe differenziert, die bei entsprechender Anzahl und Transportentfernung etwa auch am jüngeren Baum an den entsprechenden topographischen Positionen auftreten würden. Die Krone fällt oder setzt sozusagen auf ein "jüngeres ontogenetisches Stadium" zurück und ist dann aber in der Lage, wieder mittels vermehrter proventiver Triebbildung in das "ältere Stadium" durch Neuaufbau der Krone hineinzuwachsen. Diese "Erholungs- bzw. Regenerationsphase" unterscheidet sich aber von dem vergleichsweisen "normalen Stadium" durch den erhöhten Einsatz an Proventivtrieben. Dadurch wirkt und wird der Kronenhabitus verändert, was eine vorzeitige Seneszenz aber offensichtlich nur vortäuscht.
Auch an jungen Fichten, die z. B. durch Frost oder Trockenheit einmal stark geschädigt wurden, können Proventivtriebe schon in erheblichem Ausmaß auftreten (**FOTOS 35A, B**).

Unter ***chronischen Streßeinflüssen*** ist die Verzweigung nach dem oben beschriebenen Muster nicht möglich. Ein Zurückfallen in ein jüngeres Stadium ist hier nicht möglich. Im Gegenteil wird hierbei das ältere Baumstadium forciert. Es kommt dann zu einer schnelleren Verarmung der Verzweigung und Verkleinerung der Krone, was gewöhnlich mit *"vorzeitiger Seneszenz "* umschrieben wird.

Gute Kronenregenerationen deuten auf große Stoffumsätze in den Kronen hin. Dies setzt aber ein intaktes Aufnahme- und Versorgungssystem voraus. Erst eine Beeinträchtigung dieser Systeme würde vor allem unter zunehmenden exogenen

a

b

Foto 35a: Durch Frost und Trockenheit stark geschädigte, ca. 18 Jahre alte Fichte, die mittels der Proventivtriebe eine starke Regeneration zeigt. Solche Symptome waren im Sommer 1988 im Hils in der Abteilung 103a (Forstamt Einbeck), einem durch Schadstoffeintrag weitgehend degenerierten Standort, häufig zu beobachten. In früheren Jahren konnte dies nicht festgestellt werden.

Photo 35a: Due to frost or drought strongly damaged ca. 18-years old spruce showing a strong regeneration by proventitious shoots.

Foto 35b: Ast mit vielen Proventivzweigen der in Foto 35a abgebildeten Fichte.

Photo 35b: Bough with many proventitious shoots of the spruce figured in Photo 35a.

Belastungen sehr schnell zu einer Verarmung der Verzweigung und Benadelung in den Kronen führen.

Wie aufgezeigt werden konnte, besitzt die Fichte durch die verschiedenen Triebbildungen eine enorme Kronenplastizität. Damit ist sie in der Lage, auf Änderungen der Standortsfaktoren vielseitig zu reagieren. Günstige Wachstumsfaktoren werden durch vermehrte Triebbildungen und längere, kräftige Triebe angezeigt. Direkte Beschädigungen der effektiven Verzweigung in der Krone oder akute Schäden haben auf die weitere Verzweigung die Wirkung wie günstige Wachstumsfaktoren. Ungünstige Wachstumsfaktoren oder chronische Schäden hingegen haben eine Verringerung der Triebbildungen und kürzere, kümmerliche Triebe zur Folge. Ebenso in der Wirkung dürften alle indirekten Kronenbeeinträchtigungen, wie z. B. direkte Wurzelschäden, sein, weil dadurch im allgemeinen die Versorgung der Krone ungünstiger gestellt wird (vergl. **Abb. 26**).

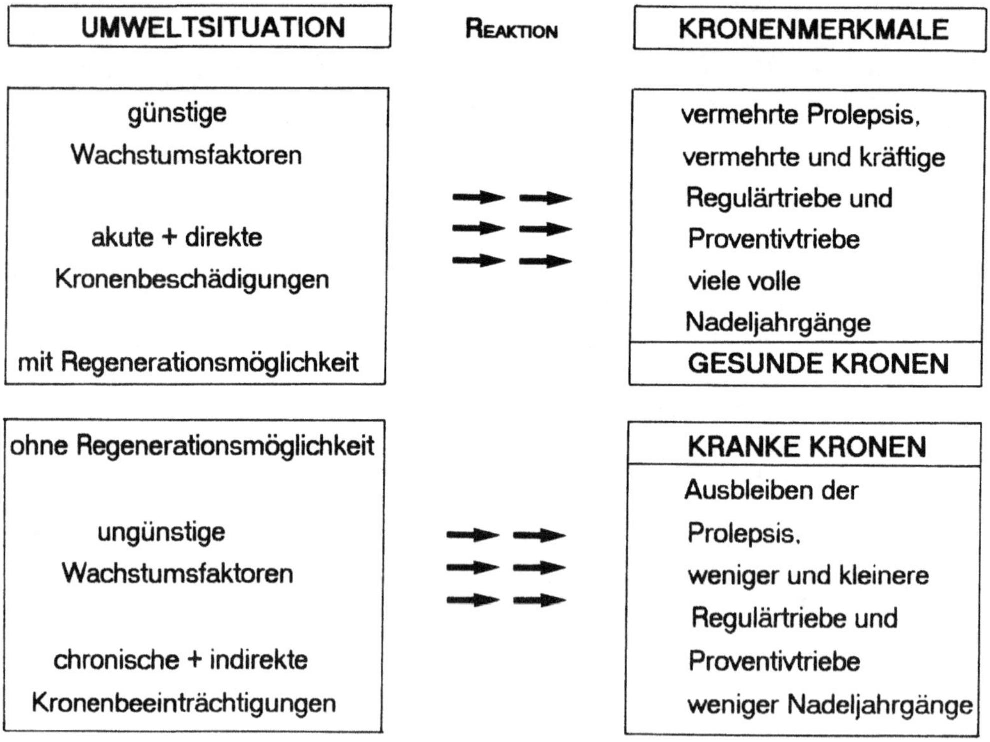

Abb. 26: Beziehungen zwischen Umweltsituation und Kronenmerkmalen
Fig. 26: Relationships between environmental situation and crown characteristics

4.6. Die Beurteilung des Kronenzustandes der Fichte: ein Vorschlag zu einer detaillierteren Schadensinterpretation am liegenden Baum

Der Gesundheitszustand von Fichten wird bei den Waldschadensinventuren am Erscheinungsbild der Kronen, insbesondere am Nadelverlust eingeschätzt (s. *Allg. Forstz.-Farbbildhefte, 1984; Neumann und Pollanschütz, 1988*). Die Verzweigungsform und Regenerationstätigkeit (Proventivtriebbildung, reguläre Ersatztriebbildung) werden dabei meist nicht beachtet, obwohl sie wesentliche Prägungsmerkmale der Krone sind. Im folgenden wird ein zusätzliches Schätzverfahren vorgestellt, das an älteren **gefällten Fichten** über die Beurteilung des Verzweigungs- und Benadelungszustandes und der Regenerationstätigkeit an bestimmten Ästen aus der Lichtkrone detaillierte Rückschlüsse auf den Gesundheitszustand des ganzen Baumes erlaubt.

In der **Abbildung 27** ist das Aufnahmeverfahren eines einzelnen Astes dargestellt. Von jeder Krone, die vorher in 5 gleichlange Abschnitte gemessen wird, werden aus jedem der 3 oberen Kronenfünftel jeweils die 2 ältesten und gegenüberliegenden Äste mit einer Länge von 15 Jahrestrieben (auf der S_1-Achse) ausgewählt und in der Reihenfolge der dort aufgeführten Punkte aufgenommen.

Als Schätzhilfe soll die **Abbildung 28** dienen, mittels der anhand von 16 verschiedenen Verzweigungs- und Benadelungsmustern zum einen der Entnadelungsgrad (Benadelungsprozent) und zum anderen die Nadelanteile an proventiven Trieben an der Gesamtnadelmasse geschätzt werden können. Die Aufnahmeteams, die die Inventuren durchführen, müssen zuvor hinsichlich der zu erhebenden Parameter genügend praktisch geschult werden. Dieses Verfahren wurde bei der TWI (terrestrische Waldschadensinventur) 1988 in Baden-Württemberg angewendet.

Am stehenden Baum ist jedoch schon zuvor der Gesamtbenadelungszustand und der Verzweigungstyp zu bestimmen.

Um jedoch bei der terrestrischen Ansprache die Leistungsfähigkeit eines Baumes richtig einschätzen zu können, ist die Gesamtbenadelung (Nadelmasse) einzuschätzen. Diese läßt sich aus der Kronengröße (Kronenvolumen, -mantelfläche)

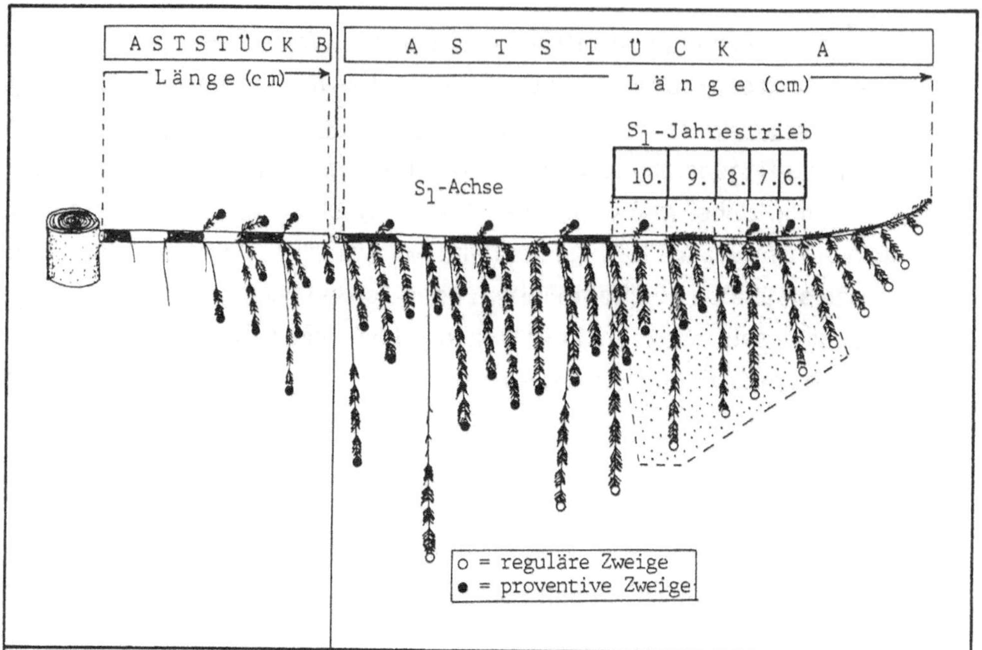

A1) Abschneiden der Probeäste an der Basis
A2) Abzählen von jeweils 15 Jahrestrieben der S_1-Achse und Durchschneiden des Astes zwischen dem 15. und 16. S_1-Jahrestrieb (ergibt Aststück A und B)
A3) Ermittlung der Länge von Aststück A (in cm)
A4) Bestimmung der exogenen Belastungsstufe (Verzweigungsformen) von Aststück A (s. Schätzhilfe)
A5) Schätzung der Benadelungs- und Verzweigungsstufe (Bestimmung in jeweils 10%-Stufen) unter Benutzung der Schätzhilfe
A6) Schätzung des proventiven Nadelmasseanteils (in jeweils 10%-Stufen) an der vorhandenen Gesamtnadelmasse
A7) Jahrgangsweises Auszählen der Proventivzweige auf und in unmittelbarer Nähe der S_1-Achse zwischen dem 6. und 10. Jahrestrieb (punktiertes Feld)
A8) Ermittlung der Alter der unter A7) festgestellten Proventivzweige

B1) Ermittlung der Länge von Aststück B (in cm)
B2) Schätzung des Verzweigungszustandes (Anzahl grüner Zweige) vom Aststück B in 4 Stufen: kahl, vereinzelt, mittel, gut verzweigt

Abb. 27: Anleitungsschema für die Bestimmung des Benadelungs- und Verzweigungszustandes der 6 Probeäste aus den 3 oberen Kronenfünfteln am liegenden Baum

Fig. 27: *Guidance for assessing the foliation and branching pattern in spruce crowns by using 6 sample branches from the light crown of a cut tree*

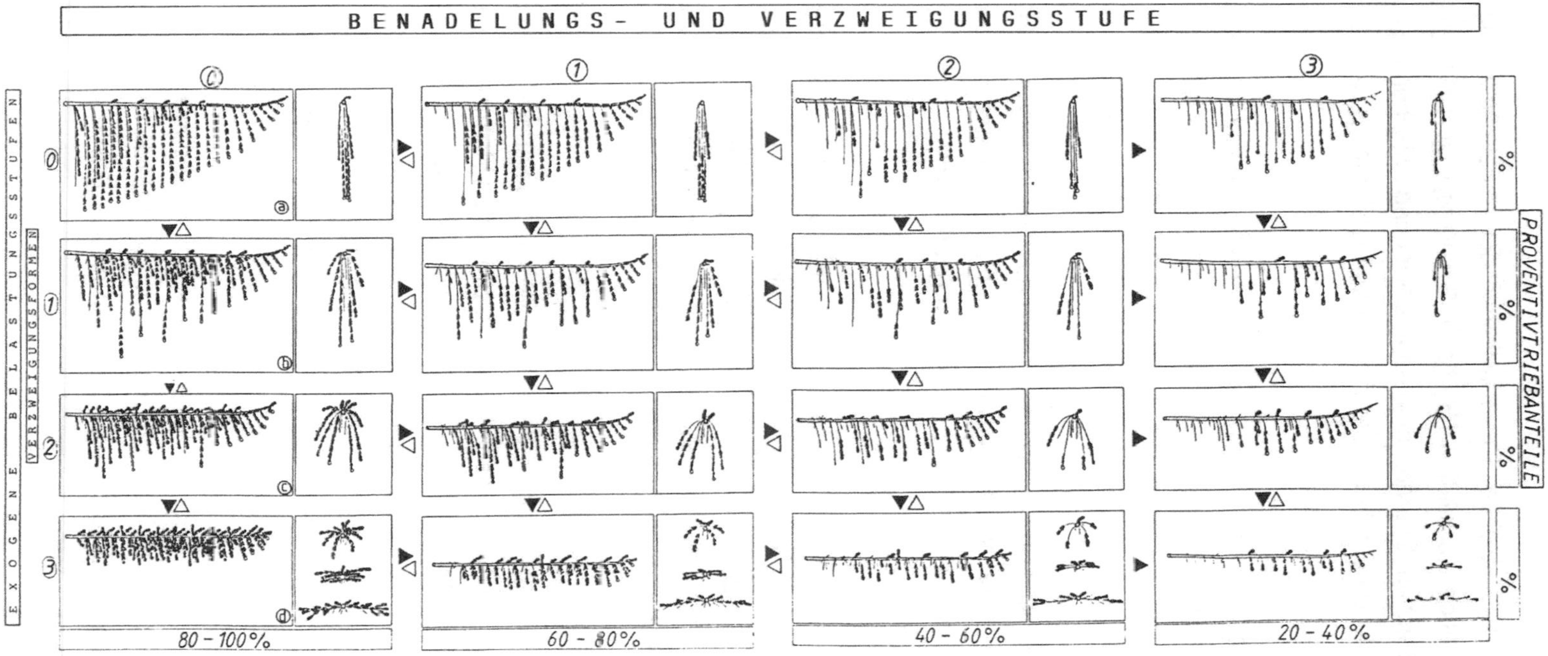

Abb. 28: Schätzhilfe für die Beurteilung und Aufnahme des Benadelungs- (Entnadelungs-) und Verzweigungs- sowie Regenerationszustandes der Fichtenkrone
(Anmerkung: Die Pfeilverbindungen verdeutlichen die Veränderbarkeit der Verzweigung und Benadelung unter den verschiedensten Umweltbelastungen)

Fig. 28: *Support for assessing the foliation-, branching and regeneration patterns and degree in spruce crowns* und der Benadelungsdichte ableiten. Denn zwischen der Nadelmasse und dem Zuwachs besteht eine enge Korrelation (Hartig, 1896; Vanselow, 1951; Kramer, 1986). Auch muß auf gleichem Standort eine enge Beziehung zwischen dem BHD und der Gesamtbenadelung bestehen, sofern der Baum noch weitgehend gesund ist.

Bei den üblichen Waldschadensinventuren wird nur der Nadelverlust eingeschätzt; die Kronengröße bleibt unberücksichtigt. Dies ist ein gravierender Mangel, da zu erwarten ist, daß gleich große Fichten mit gleich hohem Nadelverlust aber unterschiedlich großen Kronen auch einen unterschiedlich hohen Zuwachs leisten.

Exaktere Einschätzungen des Leistungsvermögens eines Baumes lassen sich durch die Einbeziehung der ***"relativ idealen" Krone*** (Kronengröße, Benadelungsdichte), d. h., durch die Einbeziehung der Kronengröße in Abhängigkeit von der Baumgröße (z. B. BHD) machen.

Der Phänotyp einer Baumkrone ist innerhalb eines Genotyps (Verzweigungstyp) das Resultat aller auf den Baum einwirkenden Umweltfaktoren. In Bezug auf die Fichtenkrone lassen sich diese sinnvoll in exogene Belastungsfaktoren (Wind, Eis, Schnee, Frost, biotische Einwirkungen etc.) und in die den physiologischen Zustand der Krone bedingenden Faktoren (Boden-, Luft-, Lichtverhältnisse etc.) gliedern.

Die exogenen Belastungsfaktoren prägen vor allem den Verzweigungshabitus der Äste. Bei fehlendem oder geringem Modifikationsdruck können sich die kammförmigen Verzweigungen ausbilden. Bei hoher Belastung entwickeln sich dagegen die Röhrenform (Eisanhang, Wind), Plattenform (Wind) und Bandform (Wind und Eis). Die unregelmäßige Kammform und die Bürstenform verweisen auf eine mittelstarke Belastung. Die Verzweigungsformen spiegeln somit die exogene Belastung wider.

Die exogenen Belastungsstufen können einerseits ***vorübergehende Zustandsformen*** der Krone sein, wenn sich durch Veränderung der Standortsfaktoren die Krone entsprechend verformt. Solche Veränderungen erfahren vor allem die labilen Typen und Individuen auf Standorten mit dauernd geringer Belastung nach plötzlichem Auftreten veränderbarer Einflüsse. Erfolgt die Veränderung in Richtung a bzw. d (s. ABB. 28), dann hat sich der Standort in Bezug auf die Belastung günstig bzw. ungünstig verändert.

Andererseits können die exogenen Belastungsstufen ***dauernde Zustandsformen*** der Krone darstellen, wenn sich die Krone durch Veränderung der Standortsfaktoren wenig verformt oder sich die Standortsfaktoren nur unwesentlich verändern. Bei a wäre die Belastung dauernd gering, bei d dagegen ständig hoch (**Abb. 28**).

Innerhalb der exogenen Belastungsstufen ist dann der physiologische Zustand der Krone einzuschätzen. Dies ist am besten an der Benadelungs- und Verzweigungsdichte (Nadeljahrgänge, Triebdichte, Trieblänge) abschätzbar. Die Regenerationstätigkeit kann an der Bildung von regulären und proventiven Substitutionstrieben abgelesen werden.

Um zusätzlich Einblick in den zurückliegenden Wachstumsverlauf eines Baumes zu gewinnen, sollte die Höhenentwicklung in Form einer ***Jahrestrieblängenchronologie*** (s. *Gruber* ,1987) in Verbindung mit einer ***Jahresringanalyse*** (Stammanalyse) untersucht werden.

5. ZUSAMMENFASSUNG

In der vorliegenden Arbeit wurden bei der Fichte die wesentlichen Grundlagen zum Verständnis des Nadelfalls, der Benadelung und der Verzweigung der Krone im Zusammenhang dargestellt. Dabei verdient folgendes herausgestellt zu werden:

Der Nadelverlust in der Fichtenkrone läßt sich in einen **Nadelfall** mit Hilfe des Trennungsgewebes (apparativ) und einen **mechanisch bedingten Nadelverlust** (nichtapparativ) gliedern.

Der apparative Nadelfall beruht auf einer speziellen **primären Trennungseinrichtung**, die aus drei spezifischen Trennungsschichten aufgebaut ist, einem **Schrumpfungsgewebe** an der Nadelbasis, einem **Widerstandsgewebe**, welches die Blattnarbe bildet und einem dazwischenliegenden **Trennungsgewebe.**

Der Nadelfall über das Trennungsgewebe setzt die Vertrocknung der Nadel, zumindest die der Nadelbasis voraus. Dabei vollzieht sich die Abtennung der Nadel ***mechanisch***. Sie stellt eine **hygroskopische Rhexolyse** dar. Bei der Entquellung der Nadelbasis werden die Primärwände der Trennungsgewebezellen zerrissen.

Zur Vertrocknung der Nadel kann es nur kommen, wenn

- **Wassermangel im System** entsteht,
- **irreparable Strukturschäden** auf der Nadeloberfläche vorhanden sind,
- eine **Blockade im Wassertransportsystem** aufgebaut wird oder
- eine **Unterbrechung der Wasserleitbahnen** zwischen Nadel und Triebachse erfolgt.

Eine Blockade im Transportsystem kann durch den **Verschluß der Blattspur** im Bereich der Trennzone entstehen. Damit könnte die Fichte einen Regulationsmechanismus besitzen, die Nadelmasse ihrem Wasserhaushalt entsprechend anzugleichen. Der Blattspurverschluß hat außerdem präventive Schutzfunktion, d. h., die Bewahrung der entsprechenden Pflanzenteile vor Austrocknung und Infektionen.

Nachdem die Nadel funktionslos geworden ist, wird die Blattspur im Bereich des Achsenperiderms durch ein ***sekundäres Abgliederungsperiderm*** abgetrennt. Dadurch wird der durch die Blattspuren durchlöcherte Peridermzylinder vollständig geschlossen.

Eine Unterbrechung der Transportbahnen kann durch das **Zerreißen der Nadelspur** im Kambiumbereich infolge des sekundären Dickenwachstums entstehen. Quantitativ hat jedoch diese Erscheinung keine nennenswerte Bedeutung für den Nadelfall.

Neben der Darstellung des Anschlusses des Nadelspurxylems an das Holz wurde auch der Anschluß des Nadelspurphloems an die Rinde anatomisch untersucht und dargestellt.

Der **primäre Aufbau des Jahrestriebes** ist beschrieben und abgebildet.

Beim nichtapparativen Nadelverlust werden die Nadeln durch äußere mechanische Einwirkungen zur Ablösung gebracht.

Die **Dynamik des Streufalls** wurde in zwei Fichtenaltbeständen verfolgt. Dabei wurde die Nadelmasse nach ihrem Trockengewicht und getrennt nach Abfalltyp und Nadelfarbe bzw. -verfärbung erfaßt. Die Masse der Nadeln fiel apparativ und braun verfärbt ab. Nadelfallmaxima konnten im Spätherbst und Spätwinter oder zeitigen Frühjahr beobachtet werden. Die **Rhythmik des Nadelfalls** spiegelt die standörtlichen Schwankungen, vor allem die klimatischen, wider.

Die Benadelungsverhältnisse älterer Fichten können erst richtig verstanden werden, wenn man ihre Verzweigungsweise kennt.

Ältere Fichten verzweigen sich zum einen durch die **reguläre**, zum anderen durch die **proventive Triebbildung**.

Die **reguläre Triebbildung**, d. h. die Triebbildung aus einjährigen Knospen, findet an der Kronenperipherie statt. Im Inneren der Krone baut die **proventive Triebbildung**, d. h. die Triebbildung aus mindestens zwei Jahre alten Knospen, die grüne Krone auf und ersetzt die ineffektive, beschädigte oder verloren gegangene Verzweigung.

Die Verzweigungsweise der Fichtenkrone läßt sich als **Verzweigung in sukzessiven Serien** beschreiben. Bei den Kammfichten erfolgt die sukzessive Serienbildung längs der S_1-Achsen (Hauptäste); bei den plattenförmig verzweigten Fichten findet dies auch auf den S_2-Achsen und teils S_3-Achsen statt.

Ein **Kronenmodell** ist am Beispiel der Kammfichte beschrieben.

Bei der Fichte sind **genetisch bedingte Unterschiede** in der Verzweigung vorhanden, so daß sich die Grundtypen **Kamm-, Bürsten-** und **Plattenfichte** differenzieren lassen. Diese Grundtypen können aber über die Proventivtriebbildung mehr oder weniger stark **modifiziert** werden (Verzweigungsformen, sekundäre Veränderung). Vom **Verzweigungsphänotyp** kann deshalb nur beschränkt auf den **Genotyp** geschlossen werden. Die Kammform verrät immer ihren Genotyp, die Bürsten- und Plattenformen dagegen nur bei fehlendem Modifikationsdruck. Die Kammfichten sind **labile**, die Plattenfichten **stabile Verzweigungstypen**

Ein System über die Verzweigung der Fichtenkronenphänotypen ist aufgezeigt.

Die Einteilung der Nadelmasse in **effektive und ineffektive Verzweigung** macht plausibel, warum die Einschätzung unterschiedlich hoher Nadelverluste nicht immer zu entsprechenden Zuwachsverlusten führen muß. Das **Prinzip der variablen Effektivität der Nadelmasseeinheit** wird diskutiert.

Bei den Kammfichten treten die sogenannten **Lamettazweige** auf. Hinsichtlich ihrer Entstehung werden drei Typen unterschieden.

Gehäuftes Auftreten von Proventivzweigen ist nicht ohne weiteres ein Anzeichen immissionsbelasteter Fichten. Proventivzweige treten auch unter natürlichen Stressoren auf, wenn die Korrelation zwischen der Verzweigung und den unterdrückten Knospen gestört wird. Eine **üppige Proventivtriebbildung** zeigt eine **große Regenerationskraft** des Baumes an.

Es wird besonders herausgestellt, daß die **Kronenverlichtungen** nicht nur durch überdurchschnittlich hohe Nadelverluste, sondern auch durch eine mangelnde Triebbildung - und vor allem die proventive Triebbildung - im Inneren der Krone entstehen. Dies führt zur Kronenverlichtung "von unten nach oben" und "von innen heraus".

Erst eine **mangelhafte oder nachlassende Kronenregeneration** weist auf eine unzureichende "nachschaffende Kraft" von der Wurzel in Richtung Krone hin.

Die **Verzweigungsstrategie der Fichtenkrone** wird unter Berücksichtigung der Ontogenese aus ökologischer Sicht dargestellt. Hervorzuheben ist, daß die Fichte aufgrund ihrer verschiedenen Triebbildungen (**Prolepsis, Regulärtrieb, Proventivtrieb**) eine **enorme Kronenplastizität** besitzt. Sie verfügt daher über eine **große Adaptionsfähigkeit und Regenerationskraft**.

6. EXTENDED SUMMARY:

MORPHOLOGICAL AND ANATOMICAL INVESTIGATIONS ABOUT NEEDLE FALL, NEEDLE DENSITY AND BRANCHING SYSTEM OF NORWAY SPRUCE (PICEA ABIES (L.) KARST)

1. THE MECHANISM OF NEEDLE ABSCISSION

On Norway spruce we have to distinguish between needle fall with and needle loss without the use of the abscission apparatus (**Fig. 2**).

The needle fall via abscission apparatus rests on a special primary abscission zone, which consists of three clearly differentiated layers. Between the thick-walled axially oriented cells of the hyaline layer (**schrinkage layer**) and the lignified sclerenchyma layer of the cushion (**resistance tissue**), which is oriented at right angles to the needle axis, is the cutin layer (**abscission tissue**). The cutin layer is one cell thick and it is the zone where the abscission takes place. The cutin cells have a thin primary and a thick secondary wall, which consists of cutin or cutin-like material (Sudan III-reaction). Needle and cushion are connected by the primary walls of the abscission layer cells, the leaf trace and the cuticle (**Fig. 3, Photo 2**).

The development of the **primary abscission zone** (**Photos 3-8**) starts and runs synchronously with the differentiation of the needle primordia into needles early in May. About 8 weeks later at the end of July the abscission zone entirely developed.

The abscission of the needle is triggerd by the shrinkage of the hyaline layer, whose shrinkage capacity will reach more than 20 % of the cross sectional area of the resistance layer (**Table 2**). The shrinkage, which occurs only on dessicating needles (**Table 1**) causes a tearing of the primary walls and the cuticle. Then the needle drops off when the leaf trace is broken, caused by the slightest touch (**Fig. 4, Photos 11, 12**).

Thus, abscission of the spruce needle is a simple **physical process**, a "**hygroscopic rhexolyse**". Because of this physical nature of the spruce needle's abscission needle fall is a highly sensitive sensor, indicating and reacting to water stress on a twig, branch or part of the crown.

Needle dessication generally occurs, if
- the whole or a part of the tree suffers from water deficiency (systemic water stress),
- the needle surface becomes irreparably damaged,
- the water transport system is blocked or
- an interruption of the water vessels between the needle trace and the shoot axis arises.

A blockage within the transport system can be caused by the stoppage of the leaf trace in the region of the abscission zone. Thereby the spruce could have a regulating mechanism for adjusting the transpirating needle mass to the actual water supply. Besides this the leaf trace stoppage has also a preventive function protecting the twig against dessication and attacks of microorganisms.

An interruption of the transport vessels can be caused by a tearing of the leaf trace in the region of the axial cambium due to the secondary thickening growth. But this phenomenon does not play a significant role in needle abscission.

After becoming functionless for the needle, the leaf trace is separated in the region of the axis-periderm by a secondary separation periderm. Through this the periderm cylinder, which has been perforated by the leaf traces, is then fully closed.

In addition to the junction of the needle trace xylem to the shoot xylem the junction of the needle trace phloem to the shoot phloem was also investigated.

The needle loss without using the abscission apparatus is caused by mechanical forces, mainly by storms in autumn and spring.

As litter fall data show (**Fig. 7, 8, 9**), needle fall occurs during the whole year with two maxima in autumn and in late winter and early spring. These periods are after the dry periods in summer and winter. Furthermore, **Figure 3** shows, that the stand immediately reacts to a longer dry period in June with an abrupt increase of needle shedding in July. Therefore the rhythm of needle fall reflects the environmental, mainly the climatic fluctuations.

With the quantity and the type of shed needles we can suggest the causes of the needle fall. While needles shed via abscission zone (type c) point to natural aging or water stress, needles, which are mechanically detached (type d) point to mechanical influences. Table 3 exhibits, that only 13 % of the needle fall was caused mechanically and 87 % were shed via abscission apparatus.

2. CROWN ARCHITECTURE AND BRANCHING TYPES

2.1. THE BRANCHING MODES

A tree runs through three modes and phases of shoot formation during its life cycle, primarily as a result of the adaptation to the environment. These phases are the **proleptic, regular** and **proventitious shoot formations** (**Fig. 10**).

Due to these different shoot formations and the dynamics of growth the crown architecture changes continuously through the tree's ontogeny. When evaluating the crown architecture of a tree we have to take into account three components determining the phenotype. They are the genetic factors, the environmental factors and the ontogeny of the tree.

Proleptic (anticipated) shoot formation, which only appears in young trees and in stands with optimal growth conditions, develops from embryonic buds. This mode, which is the result of a vigorous growth pattern and which also depends upon genetic factors, allows a fast crown expansion and a quick regeneration of directly damaged or lossed parts of the crown.

Regular shoot formation takes place rhythmically every year from one year old winter buds (FIG. 11). It forms the frame of the tree's crown and can be observed in the spruce crown in all phases of the trees' life. The regular branching has the function to take up and maximize the crown space and to defend the crown space against crown expansion from neighbouring trees. Therefore the regular shoot formation takes place at the periphery of the crown. Because of this promoted annual shoot formation at and near the shoot tips, this is called "***distal directed shoot innovation*** "

With increasing tree age **proventitious shoot formation** becomes more and more important. Proventitious shoots emerge from dormant buds at the base of annual shoots and on the upper side (epitonous) mostly along horizontally oriented axes (**FIG. 11, 12A,B; PHOTO 20**). Thus older ineffective twigs and branches can be substituted by younger effective ones. This permanent substitution of ineffective branches by proventitious shoots and twigs, which occurs as "**branching in successive series**" (**FIG. 12A,B, 13; PHOTOS 21, 22**) is a normal process in vital crowns. This relocation of young shoots directly on the axes of lower order is ecological very important and can be called "***proximal starting shoot innovation*** ". By that means it is possible to establish a highly efficient needle mass in the inner part of the crown.

Crowns which suffer permanently from a high biotic or especially abiotic mechanical stress such as wind, ice, snow, frost etc. show a characteristic branching pattern, the "**polycladies**" (**FIG. 14**).

Beyond the ecological importance of proventitious shoot formation, which is the result of acrotony, the spruce crown possesses a highly developed repair and regeneration system for substituting biotically and abiotically damaged or lost efficient needles and branches. This can also compensate senescent needles and those needles, twigs and branches weakened by reproductive growth. Of further importance is the great **flexibility** of the crown structure and the **enormous architectural adjustment** to environmental factors, which proventitious shoot formation confers. Altogether the **phenotypic plasticity** and **regeneration capacity** of the spruce crown is very high.

2.2. THE CONSTRUCTION OF OLDER SPRUCE CROWNS.

In Norway spruce we have to distinguish three branching types, which are based upon genetic differences. These basic types, which differ in the arrangement and position of the twigs of the second order, are the comb-, brush- and plate-spruce (**Photos 30, 31, 32**).

The construction of the crown of a comb-spruce in a closed stand for example can be demonstrated as an **ideal crown model**. This model shows (**Fig. 15**), that the branching form changes from the top to the base of the crown simply by changing the proportions of regular and proventitious shoots. Thus, on principle we have to differentiate between the **juvenile-like branching form** at the top of the crown, the **comb-form** and the **brush-form** in the middle and the **plate-like form** at the base of the crown. Below the living crown is the zone of dead branches. The formation and extent of such a branching zone within a crown depends upon environmental factors and genotype. Even within a single crown due to these different branching zones the slight modification and adjustment capacity of the comb-spruce can be seen. In this case the alteration of the branching architecture is an adaptation to the light conditions.

The study and investigation of many spruce crowns show, that the proportions of proventitious shoots increase with increasing branch age, exposition and mechanical (abiotic and biotic) stress.

A detailed crown analysis of many spruces indicated, that older spruce crowns can consist of 40% to nearly 100 % of proventitious shoots. Spruces on sheltered and in closed stands have smaller proportions of proventitious shoots than spruces on exposed and extremly thinned stands.

2.3. MODIFICATION AND PLASTICITY OF SPRUCE BRANCHING

Due to the restraints of the stand and the fact that trees are stationary, a tree must have the capability of adjusting continuously to the permanently variing influences and changes of environmantal factors. In particular those tree species, which naturally live in extreme habitats with high and permanent exogenous, above all mechanical stress must possess a good adjustment strategy and regeneration (= repair) capacity. One important architectonic element is the proventitious shoot. Through that means the branching form can also be modified secondarily.

Thus, for example the comb spruce is able to change its original (primary) form into the unregular comb-like, brush-like, band-like, pipe-like or plate-like branching form (**Fig. 16**). This occurs, when the environmental factors of the tree change suddenly or permanently into one direction. When the modifying stress abates the tree crown is able to restructure to the original branching form. Therefore the plasticity of the spruce crowns, especially that of the comb spruce is very high. The comb-spruce must be called an unstable or flexible branching type with a wide reaction capacity. In contrast to that the plate-spruce is stable with a narrow reaction capacity.

The variability of the branching and crown phanotype of Norway spruce does not only depend upon genetic differences but can also be determined by environmental factors. Therefore we can not determine the genotype from the phanotype in any case. A system describing the realization of the various branching phanotypes of spruce is shown (**Fig. 17, Table 4**).

The subdivision of the needle mass in efficient and inefficient can explain why the estimation of different degrees of needle losses must not lead to corresponding loss of stem increment (**FIG. 18, 19**). The priciple of the variable efficiency of an unit of needle mass is discussed .

3. THINNING AND REGENERATION OF NORWAY SPRUCE CROWNS

Crown thinning (top-thinning) shows very different patterns. Thinning may originate suddenly or gradually, may run acutely or chronicly and may result from a high loss of needles and/or insufficient branching. While high needle losses is a sign of a acute or directly inflicted damage or stress, poor branching generally indicates a chronic stress or disease. In this context the regeneration behaviour of the crown is very important.

In **Figure 24** the development of the branching and the needle density of crowns under acute and chronic stress with and without the capacity of regeneration is illustrated for examble on a comb-type spruce.

In describing the effects of **acute stress** on the crown it must be distinguished between crowns with and without a regeneration capacity, which is dependant upon the extent of the initial damage. This again is regulated by differences in the environment and the genotype. Due to its high regeneration capacity Norway spruce is normally able to withstand and overcome extreme climatic and biotic damage under nutural conditions. Under acute (short-term) stresses crown thinning is therefore normally only a temporary symptom, and the dynamics of the foliation density in the crowns of trees with many sets of needles can be very high in dependance of environmental factors.

Longer dry periods for example those in 1973 and 1976 may have influenced the needle density very important and for a long time. Typical symptoms of dry stresses are top dying, sub top dying and crown thinning. Such events can be recognized by studying the chronology of tree ring growth in connection with annual shoot (length) growth of stems and branches.

A strong growth of proventitious shoots is an indication of a high turnover in the crown. This requires an intact uptake - and transport system for water and nutrients. It is therefore unlikely that spruces with such a branching pattern suffer from stronger or chronic root damage or stress. On the contrary this indicates an acute damage caused by biotic or abiotic stress factors. Therefore an increased formation of proventitious shoots cannot be a symptom of a destabilised ecosystem. However, the number of proventitious shoots is a measure for exogenous stress, and when the shoot length is also taken into account, then it may be used to estimate the regeneration capacity of the tree.

An increased formation of proventitious shoots is not on principle a symptom of spruce under influences of pollutants. Proventitious shoots also occur under natural stress factors, if the correlation between branching and suppressed buds is out of balance. A luxurious formation of proventitious shoots is a sign of a high regeneration vigour of a tree.

In regard to the formation of the **"silver tinsel-syndrom"** (Lamettasyndrom), which is the result of an above average needle loss on comb-spruce, we have to distinguish three forms. The first is a form of natural aging . Anatomical investigations at the base of 12 to 18 years old tinsel-branches showed, that the ring growth had already finished while the length growth continued for some years yet. This earlier finishing of ring growth - between 7 and 12 rings could be recognized - is seen as a sign of becoming gradually ineffective of the older branches of the second order. They are replaced by proventitious shoot forming successive branching series. The second develops under acute stress and is therefore a temporary but very spectacular symptom. The third, which can arise under chronic stress is a serious disease. This last symptom is only visible in the crown at the beginning of the disease, because the branching changes with time and duration of chronic stress influences (**Fig. 17, 24**).

It is emphazised, that above average needle losses are not only the causes leading alone to crown thinning but also the poor branching in the inner of the crown, where mainly the proventitious shoots develop.

Under **chronic stress** crown thinning does not only develop with gradual decrease in the number of annual sets of needles but also with a decrease in branching, especially in the inner part of a crown. This depends upon an insufficient or lack of proventitious shoot formation. Consequently the needle mass and the number and length of new shoots decreases mainly on the older parts of the branches. So long as this is not the result of mechanical competition or shading due to the branching pattern or the social position of the tree in the stand, it must be assumed that this is due to a reduced capacity of regeneration.

The symptom of thinning from inside to outside of the crown, which is typical of the present spruce damage, may be attributed to a reduced proventitious shoot formation. Apart from possible genetic differences this poor branching and insufficient regeneration in the crown can be seen as a result of an insufficient supply of water and/or nutrients.

The causes of such a deficiency of water and/or nutrients could attributed to a restricted function of the root system due to root damages. Therefore, we have to take into account the soil acidification due to the input of atmospheric pollutants as one important process, which is capable to deformate the root architecture and makes a tree more sensitive for all natural stress influences.

4. BRANCHING STRATEGY

The branching strategy of the spruce crown is demonstrated from an ecologic viewpoint in consideration of ontogenesis. It must be emphazised, that Norway spruce possesses an ***enormous crown plasticity and flexibility*** due to its different modes of shoot formation as the proleptic shoot, regular shoot and proventitious shoot. Therefore Norway spruce has a ***high adjustment- and regeneration capacity***.

A recommondation for assessing the crown condition is made.

7. LITERATURVERZEICHNIS

Allg. Forstz.-Farbbildhefte 1984 : "Zum Erkennen von Immissionsschäden an Waldbäumen 1984""Zur Diagnose und Klassifizierung der neuartigen Waldschäden 1984"

Assmann, E. 1961 : Waldertragskunde. München, Bonn, Wien

Athari, S. 1981 : Jahrringsausfall, ein meist unbeachtetes Problem bei Zuwachsuntersuchungen in rauchgeschädigten und gesunden Fichtenbeständen. Mitt d. forstl. Bundesvers.-Anst. Wien 139: 7-27

Athari, S. und H. Kramer 1985 : Ergebnisse von Wachstums- und Strukturanalysen in erkrankten Fichtenbeständen. In: Inventur und Wachstum in erkrankten Fichtenbeständen. Kramer, H. et al. Schriften der Forstl. Fakultät der Universität Göttingen Bd. 82, Frankfurt, J. D. Sauerl. Verlag

Barthelmess, A. 1935: Über den Zusammenhang zwischen Blattstellung und Stelenbau unter besonderer Berücksichtigung der Koniferen. Bot. Arch. 37: 209-260

Behrens, J. 1886: Über die anatomischen Beziehungen zwischen Blatt und Rinde der Coniferen. Diss. Kiel

BMFT 1985: Umweltforschung zu Waldschäden: 2. Bericht, Bonn

BMFT 1986: Umweltforschung zu Waldschäden: 3. Bericht, Bonn

Burger, H. 1927: Die Lebensdauer der Fichtennadeln. Schweiz. Z. Forstwes. 78: 372-375

Burgerstein, A. 1904, 1920, 1925: Die Transpiration der Pflanze. Teile 1, 2, 3. Jena. G. Fischer

Butin, H. und T. Kowalski 1983: Die natürliche Astreinigung und ihre biologischen Voraussetzungen. Eur. J. For. Path. 13

Butin, H. und T. Kowalski 1984: Die natürliche Astreinigung und ihre biologischen Voraussetzungen. Eur. J. For. Path. 14

Campbell, A. H. and A. E. Vines 1938: The effect of Lophodermellina macrospora (Hartig) Tehon on leaf-abscission in Picea excelsa Link. New Phyt. 37: 358-368

Cieslar, A. 1903: Versammlung Int. Verb. forstl. Versuchsanstalten, Mariabrunn

Dietrich, H. 1967: Streufall und Nährstoffgehalt der Streu in einem Fichtenbestand auf einer Kalkdüngungsfläche. Tag. Ber. Nr. 84 DAL Berlin: 131-146

__Dilling, H. 1987:__ Lokalisation der Blüte im Zweigsystem von Altfichten-Kronen (Picea abies (L.) Karst.) und Auswirkungen der Blütenbildung auf die Verzweigung. Diplomarbeit, Forstw. Fachbereich, Universität Göttingen

__Eames, A. I. and L. H. Mac Daniels 1947:__ Introduction to plant anatomy. 2. Auflage, Mc Graw Hill Book Comp.

__Ebermayer, E. 1876:__ Die gesamte Lehre von der Waldstreu. Berlin, Springer

__Edelin, C. 1977:__ Images del' architecture des coniféres. These, Montpellier

__Elliott, J. H. 1937:__ The development of the vascular system in the evergreen leaves more than one year old. Ann. Bot. 1: 107-127

__Elstner, E. 1983:__ Baumkrankheiten und Baumsterben. Naturw. Rsch. 9/36: 381-388

__Esau, K. 1969:__ Pflanzenanatomie. G. Fischer, Stuttgart

__Ewers, F. W. 1982:__ Developmental and cytological evidence for mode of origin of secondary phloem in needle leaves of Pinus longaeva (bristlecone pine) and P. fexilis. Bot. Jb. 103: 59-85

__Facey, V. 1956:__ Abscission of leaves in Picea glauca (Moench) Voss. and Abies balsamea L. North Dakota Acad. Sci Proc. 10: 38-44

__Goebel, K. 1933:__ Organographie der Pflanzen. 3. Bd. Jena, G. Fischer

__Gruber, F. 1984:__ Morphologische und anatomische Untersuchungen an Terminaltrieben geschädigter und ungeschädigter Fichten. Ber. d. Forschungsz. Waldökos./Waldst. 3: 27-54

__Gruber, F. 1985:__ Morphologische Abweichungen bei der Entwicklung der Triebe von Fichte. Exkursionsführer Sommer 1985, Forschungsz. Waldökos./Waldst. Uni. Göttingen: 14-20

__Gruber, F. 1986:__ Beiträge zum morphogenetischen Zyklus der Knospe, zur Phyllotaxis und zum Triebwachstum der Fichte (Picea abies (L.) Karst.) auf unterschiedlichen Standorten. *Diss. Göttingen* und Ber. Forschungsz. Waldökos./Waldst. Reihe A, Bd. 25, 215 S. (1987).

__Gruber, F. 1987a:__ Das Verzweigungssystem und der Nadelfall der Fichte (Picea abies (L.) Karst.) als Grundlage zur Beurteilung von Waldschäden. Ber. Forschungsz. Waldökos./Waldst. Reihe A, Bd. 26, 214 S., 91 Fotos

__Gruber, F. 1987b:__ Zur Proventivtriebbildung der Fichte. Allg. Forstz. 49: 1285-1288

Gruber, F. 1988a: Die Anpassung der Fichtenkrone (Picea abies (L.) Karst.) über die Triebbildungsarten. Schweiz. Z. Forstwes. 139/3: 173-201

Gruber, F. 1988b: Aufbau und Anpassungsfähigkeit der Krone von Picea abies (L.) Karst. Flora 181: 205-242

Gruber, F. 1988c: Der Fenstereffekt bei der Fichte. Forst u. Holz 43/3: 58-60

Gruber, F. 1989a: Die proleptische Triebbildung bei Picea abies (L.) Karst. Beiträge z. Biol. d. Pflanze 64: 75-113

Gruber, F. 1989b: Phänotypen der Fichte (Picea abies (L.) Karst.) I. Verzweigungsphänotypen: Genotyp und Modifikation. Allg. Forst- u. J.-Ztg. 160/8: 157-165

Hallé, F., Oldeman, R.R.A. and P.B. Tomlinson 1978: Tropical trees and forests. Berlin, Heidelberg, New York

Hartig, R. 1874: Wichtige Krankheiten der Waldbäume. Berlin

Hartig, R. 1896: Wachstumsuntersuchungen an Fichten. Forst. naturw. Zschr. 5/1: 1-15

Hartig, R. 1900: Lehrbuch der Pflanzenkrankheiten, Berlin, J. Springer

Hassenberger, K. 1939: Fichtenformen und Fichtenrassen im Glatzer Schneegebirge Zschr. f. Forst- und Jagdw. 71/3: 113-140

Heinkinheimo, O. 1920: Über die Fichtenformen und ihren volkswirtschaftlichen Wert. Commun. Inst. Quaest. Forest. Finl. 2, 1-102

Hofmann, J. 1968: Über die bisherigen Ergebnisse der Fichtentpyenforschung. Arch. Forstw. 17/2: 207-216

Hofmeister, W. 1051: Vergleichende Untersuchungen der Keimung, Entfaltung und Fruchtbildung der höheren Kryptogamen und der Samenbildung der Coniferen. Leipzig

Holzer, K. 1967: Das Wachstum des Baumes in seiner Anpassung an zunehmende Seehöhe. Mitt. d. forstl. Bundesvers.-Anst. Wien 75: 427-456

Jablanczy, A. 1971: Changes due to age in apical development in spruce and fir. Can. For. Serv. Bimon. Res. Notes 27: 10

Kestel, P. 1961: Der Anschluß der Blattspuren an das Holz bei den Coniferen. Diss. München

Kirchner, O., E. v. Loew und C. Schröter 1906: Lebensgeschichte der Blütenpflanzen Mitteleuropas. Bd. 1, Abt. 1, Stuttgart, Ulmer

Klein, E. 1985: Nadelschütten im Winter. Allg. Forstz. 13: 288-190

Kramer, H. 1976: Grünästung und Düngung bei Fichte. Allg. Forst- u. J.-Ztg. 147: 25-33

Kramer, H. 1986: Beziehungen zwischen Kronenschadbild und Volumenzuwachs bei erkrankten Fichten. Allg. Forst- u. J.-Ztg. 157/2: 22-27

Kramer, H. und S. Athari 1985: Wachstumsverlauf von Fichten mit unterschiedlich starken Schadsymptomen. Exkursionsführer Sommer 1985, Forschz. Waldökos./Waldst. Universität Göttingen

Leopold, A.C. and P. E. Kriedemann 1975: Plant growth and development. McGraw-Hill Inc. New York

Liedeker, H., P. Schütt and R. M. Klein 1988: Symptoms of forest decline (Waldsterben) on Norway and red spruce. Eur. J. Forest. Path. 18: 13-25

Magel, E. und H. Ziegler 1987: Die "Lametta"-Tracht - ein Schadsymptom? Allg. Forstz. 27/28/29: 731-733

May, K. I. 1894: Lebensdauer der Nadel bei einigen immergrünen Nadelhölzern. Zschr. Forst- u. Jagdw. 26: 648-660

Markfeldt, O. 1885: Über das Verhalten der Blattspurstränge immergrüner Pflanzen beim Dickenwachstum des Stammes oder Zweiges. Flora 68: 33-39, 81-90

Mer, E. 1910: Le Lophodermium macrosporum, parasite des aiguilles d'épicéa. Bull. Soc. Sci. de Nancy, Série 3: 11

Mitscherlich, G. und K. von Gadow 1968: Über den Zuwachsverlust bei der Ästung von Waldbäumen. Allg. Forst- u. J.-Ztg. 139: 175-184

Molisch, H. 1929: Die Lebensdauer der Pflanze. Jena, G. Fischer

Münch, E. 1928: Winterschäden an Fichte und anderen Gehölzen. Thar. forstl. Jb. 79: 276

Münch, E. 1938: Untersuchungen über die Harmonie der Baumgestalt. Jb. wiss. Bot. 86: 581-673

Napp-Zinn, K. 1966: Anatomie des Blattes. I. Blattanatomie der Gymnospermen. Berlin, Gebr. Borntraeger

Neger, F. W. 1911: Zur Mechanik des Nadelfalls der Fichte. Naturwiss. Zschr. f. Forst- u. Landwirtsch. 9: 214-223

Neger, F. W. 1918: Rauchwirkung, Spätfrost und Frosttrocknis und ihre Diagnostik. Thar. forstl. Jb. 66: 195 ff

Neger, F. W. 1924: Die Krankheiten unserer Waldbäume. Stuttgart, F. Enke

Neger, F. W. und J. Fuchs 1915: Untersuchungen über den Nadelfall der Koniferen. Jb. wissensch. Bot. 55: 608-660

Pechmann, H. von 1958: Über die Heilungsaussichten bei hagelbeschädigten Waldbeständen. Forstw. Cbl. 357-373.

Pfeiffer, H. 1928: Die pflanzlichen Trennungsgewebe: In: Hb. d. Pflanzenanatomie, K. Linsbauer Bd. V, Berlin

Philips, I. D. J. 1975: Apical dominance. Ann. Rev. Plant Physiol. 26: 341-367

Pollard, D. F. W. und K. T. Logan 1974: The role of free growth in the differentiation of provenances of black spruce (Picea mariana) Can. For. Res. 4: 308-311

Pollanschütz, J. 1984 : Zur Frage Nadelverluste und Kronenverlichtung bei Fichte. Allg. Forstztg. 5: 110-114

Priehäuser, G. 1958: Die Fichtenvariationen und -kombinationen des Bayerischen Waldes nach phänotypischen Merkmalen mit Bestimmungsschlüssel. Forstw. Cbl. 77: 151-171

Reemtsma, J. B. 1964: Untersuchungen an Fichte und anderen Nadelbaumarten über den Nährstoffgehalt der lebenden Nadeljahrgänge und der Streu. Diss. Hann. Münden

Rehfuess, K. E. 1983: Ersatztriebe an Fichten. Allg. Forstz. 41: 1111

Rehfuess, K. E. und H. Rodenkirchen 1984: Über die Nadelröte-Erkrankung der Fichte (Picea abies (L.) Karst.) in Süddeutschland. Forstw. Cbl. 103: 248-262

Rehfuess, Chr. und K. E. Rehfuess 1988: Ersatztriebe an Fichten: Entwicklung, Nährstoffversorgung und Bedeutung für die Kronenmorphologie. Allg. Forst- u. J.-Ztg. 159: 20-26

Rehfuess, K. E. und Ch. Bosch 1988: Über die Rolle von Frostereignissen bei den "neuartigen" Waldschäden. Forstw. Cbl. 107: 123-130

Rubner, K. 1936: Beitrag zur Kenntnis der Fichtenformen und Fichtenrassen. Thar. forstl. Jb. 87: 101-176

Rubner, K. 1943: Die praktische Bedeutung der Fichtentypen. Forstw. Cbl. u. Thar. forstl. Jb. 6: 233-246

Sachs, T. and K. V. Thimann 1967: The role of auxins and cytocinins in the release of buds from dominance. Am. J. Bot 54: 136-144

Schacht, H. 1853: Der Baum. Berlin, G. W. F. Müller

Schmidt, W. 1987: Untersuchungen zur Feinmorphologie der Kronen von Fichtenaltbäumen (Picea abies (L.) Karst.). Diplomarb. Forstw. Fachber. Uni. Göttingen

Schmidt-Vogt, H. 1972: Studien zur morphologischen Variabilität der Fichte (Picea abies (L.) Karst.). Allg. Forst- u. J.-Ztg. 143/7, 9, 11 Sonderdruck: 133-144, 177-186, 221-240

Schmidt-Vogt, H. 1977: Die Fichte. Bd. 1, Berlin, Hamburg, P. Parey

Schmidt-Vogt, H. 1986: Die Fichte. Bd. 2, Berlin, Hamburg, P. Parey

Schröter, C. 1898: Über die Vielgestaltigkeit der Fichte. Vierteljschr. d. Naturfr. Ges. Zürich 43: 125-255

Schröter, C. 1934: Übersicht über die Modifikationen der Fichte. Schweiz. Z. f. Forstwes. 5/2: 33-57

Schütt, P. 1983: Botanische Aspekte der Forschung zum Waldsterben - Ergebnisse und Perspektiven. Ther. z. Symp. Saurer Regen - Waldschäden PTU Jülich GmbH

Schütt, P. 1984: Der Wald stirbt an Streß. C. Bertelsmann, München

Schweingruber, F. H. 1983: Eine jahrringanalytische Studie zum Nadelwaldsterben in der Schweiz. Mitt. Schweiz. Anst. forstl. Versw. 253

Schwerdtfeger, F. 1981: Waldkrankheiten. Berlin, Hamburg, P. Parey

Sifton, H. B. 1965: On the abscission region in leaves of the blue spruce. Can. J. Bot. 43: 985-993

Stalfelt, M. G. 1931: Die physiologisch-ökologischen Bedingungen der Kronenreinigung, Schaftreinigung und der natürlichen Bestandesreinigung der Fichte. Svenska Skogsvardsföreningens Tidskrift: 1-44

Strasburger, E. 1985: Lehrbuch der Botanik. 32. Auflage, Stuttgart, New York, G. Fischer

Stratmann, J. 1985: Einige Ergebnisse aus Jahrringuntersuchungen an Fichte aus immissionsgeschädigten Beständen des Westharzes. Dtsch. Verb. Forstl. Forschanst. Sekt. Ertragskunde Tagung Kaelberbronn

Sylvén, N. 1909: Studien über den Formenreichtum der Fichte, besonders die Verzweigungstypen derselben und ihren forstlichen Wert. Mitt. forstl. Versuchsanst. Schwedens, H. 6: 37-117

Tison, A. 1902-21a: Les Traces foliares des coniféres dans leur rapport avec l'epaississement de la tige. Mem. Soc. Linéenne de Norm. 21: 59-84

Ulrich, B. 1983: Stabilität von Waldökosystemen unter dem Einfluß des "sauren Regens". Allg. Forstzschr. 38/26-27: 670-77

Ulrich, B. 1988: Bodenkundliche Forschung in Zusammenhang mit den neuartigen Waldschäden. Allg. Forstzschr. 43: 1171-1173

Ulrich, B. 1989: Effects of acid deposition on forest ecosystems in Europe. Adv. Environm. Sci. 4 (Springer): in press

Vanselow, K. 1951: Krone und Zuwachs der Fichte in gleichaltrigen Reinbestäden. Forstwiss. Cbl. 70/12: 705-719

Veillon, J. M. 1976: Architecture of the New Caledonian species of Araucaria In: Tomlinson P. B. & M. H. Zimmermann: Tropical trees as living systems. Cambridge, London: 233-245

Wachter, H. 1985: Zur Lebensdauer der Fichtennadeln in einigen Waldgebieten Nordrhein-Westfalens. Forst- u. Holzw. 16: 420-25

Wiedemann, E. 1923: Zuwachsrückgang und Wuchsstockungen der Fichte. Tharandt.

Wiesner, J. 1904: Über den Treiblaubfall und über Ombrophilie immergrüner Holzgewächse. Ber. d. Dtsch. Bot. Ges. 22: 316-323

Zederbauer, E. 1916: Beiträge zur Biologie der Waldbäume. II. Lebensdauer der Blätter. Zentralbl. ges. Forstw. 42: 339-41

Zentgraf, E. 1942: Sturmeinwirkungen auf Fichtenbestände. Allg. Forst- u. J.-Ztg. 118: 268-270

8. DANKSAGUNG

Das dieser Arbeit zugrunde liegende Vorhaben wurde mit Mitteln des Bundesministers für Forschung und Technologie unter dem Förderkennzeichen 373074 und OEF 2019 gefördert. Dafür möchte ich mich sehr bedanken.

Die Verantwortung für den Inhalt dieser Arbeit liegt beim Autor.

Herrn Forstdirektor Dr. J. Kleinschmit und Herrn Forstrat K. Schumann (Niedersächsische Forstliche Versuchsanstalt: Abt. C, Escherode) möchte ich an dieser Stelle für die große Unterstützung der Untersuchungen auf den Samenplantagen ganz herzlich danken.

Herrn Dipl.-Forsting. J. Kalan vom Institut za Gozdno in lesno gospodarstvo in Lubljana möchte ich für seine große Hilfe und die Möglichkeit, bei Konjska Raven (ca. 20 km südwestlich von Bled, ca. 1250 m über NN, Pokljuka) morphologische Untersuchungen durchzuführen, ganz herzlich danken.

GPSR Compliance

The European Union's (EU) General Product Safety Regulation (GPSR) is a set of rules that requires consumer products to be safe and our obligations to ensure this.

If you have any concerns about our products, you can contact us on ProductSafety@springernature.com

In case Publisher is established outside the EU, the EU authorized representative is:

Springer Nature Customer Service Center GmbH
Europaplatz 3
69115 Heidelberg, Germany

Batch number: 10800358

Printed by Printforce, the Netherlands